當代主力戰機和機載武器

Modern military aircraft & air-launched weapons

弗雷德・希爾（Free Hill） 著　　西風 譯

國家圖書館出版品預行編目 (CIP) 資料

當代主力戰機和機載武器 / 弗雷德 . 希爾 (Free Hill) 著 ; 西風譯 . -- 第一版 . -- 新北市 : 風格司藝術創作坊 , 2021.03

面 ; 公分 . -- (全球防務 ; 13)

譯自 :Modern military aircraft & air-launched weapons.

ISBN 978-957-8697-95-9(平裝)

1. 戰鬥機

598.61 110002090

全球防務 013

當代主力戰機和機載武器

Modern Military Aircraft & Air-Launched Weapons

作　　者：弗雷德・希爾（Free Hill）
譯　　者：西　風
責任編輯：苗　龍
發 行 人：謝俊龍
出　　版：風格司藝術創作坊
地　　址：235 新北市中和區連勝街 28 號 1 樓
Tel：（02）8245-8890
總 經 銷：紅螞蟻圖書有限公司
Tel:（02）2795-3656　Fax:（02）2795-4100
地　　址：台北市內湖區舊宗路二段 121 巷 19 號
http://www.e-redant.com
版　　次：2021 年 5 月初版　第一版第一刷
訂　　價：480 元

ISBN 978-957-8697-95-9

Printed inTaiwan

目錄 Contents

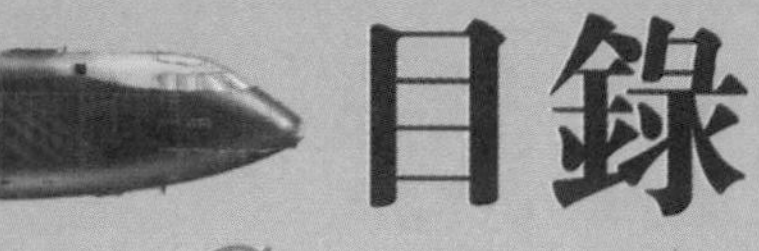

目錄 Contents

波音B-52「同溫層堡壘」

B-52轟炸機自首飛到現在已有半個世紀，可它仍然在一線部隊服役——恐怕當初誰也不會想到這一點。自從一九五五年在美國空軍戰略空軍司令部（SAC）服役後，它就一直是西方戰略轟炸機部隊的中堅力量，它幾乎經歷了整個冷戰時代。此外，B-52經歷了各種技術升級與作戰需求變化，以保證戰略轟炸機在極度敵對的環境中生存——尤其是在精密的地對空飛彈的威脅下。

B-52是美國陸軍航空隊的產物，研製計畫始於一九四六年四月，戰略空軍司令部需要一種全新的噴氣式重型轟炸機替換康維爾公司的B-36。兩架原型機的合同簽訂於一九四九年九月，安裝8臺普拉特·惠特尼公司J57-P-3渦噴發動機的YB-52首飛於一九五二年四月十五日。一九五二年十月二日，XB-52首飛，採用的發動機與YB-52相同。繼兩架原型機之後的是3架B-52A，第一架首飛於一九五四年八月五日。這些飛機經過了大量改進，用於各種測試——當加里福尼亞州古堡空軍基地的SAC第93轟炸機聯隊接收第一架生產型B-52B時，這些測試仍在進行。SAC共購買了50架B-52B（其中10架是第一批13架B-52A中的後10架，後來被改進為B-52B），之後這條生產線又製造了35架B-52C。B-52生產線後來轉移到了威奇塔，並開始製造B-52D，第一架B-52D於一九五六年五月十四日首飛，共製造了170架。B-52E製造了100架，B-52F製造了89架，B-52G是主要的生產型號。

B-52G是第一種攜帶遠程防區外發射空對地飛彈——北美公司的GAM-77/

下圖：一九七六年十一月，一架B-52D「同溫層堡壘」完成新型機載報警與控制系統（AWACS）測試後，準備在加里福尼亞州三月空軍基地降落。這種AWACS系統可以探測各種高度上的攔截戰鬥機。

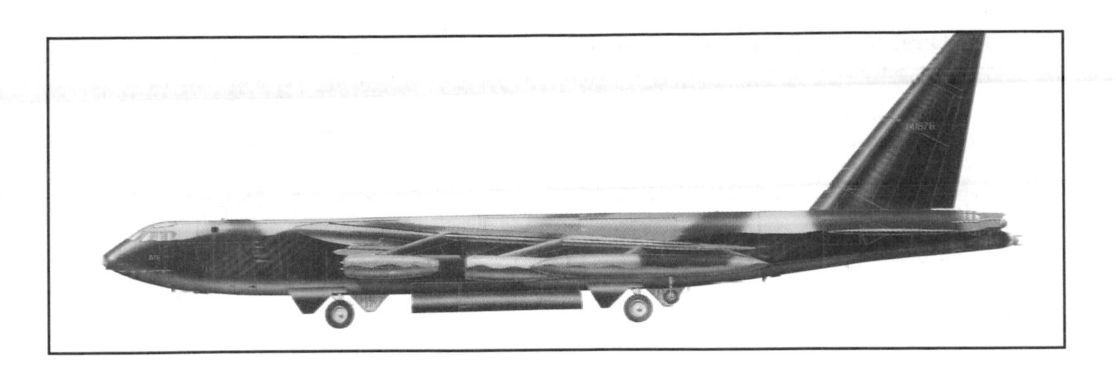

上圖：B-52D「同溫層堡壘」由於航程遠、載油量大、載彈量大，因此被用於越南的轟炸行動。B-52中隊駐紮在太平洋關島，在對河內地區的轟炸行動中遭受了巨大損失。

AGM-28「獵犬」的飛機，這套系統能夠提高轟炸機的生存幾率。該飛彈可以攜帶百萬噸當量的核彈頭；根據任務類型，射程在926千米至1297千米；能夠在下至樹梢、上至16775米高空範圍內，速度達2.1馬赫的情況下發射。所有的B-52G及之後的B-52H都可以在兩個機翼下各掛載一枚「獵犬」。在B-52起飛時，「獵犬」飛彈的發動機也點火，B-52儼然成為一架有8臺發動機的飛機。起飛之後，飛彈發動機熄火，B-52再將飛彈的燃料注滿。在其一九六二年的巔峰時期，戰略空軍司令部庫存的「獵犬」達592枚，這也證明了「獵犬」的效能。「獵犬」在一線作戰部隊服役至一九七六年。B-52G的生產數量達193架，其中173架在八〇年代進行了改裝，以攜帶12枚波音公司的AGM-86B空射巡弋飛彈（ALCM）。B-52H是最後一種改型，原計畫攜帶「天弩」空射型中程彈道飛彈（IRBM），但由於該飛彈被取消，因此轉而攜帶「獵犬」。B-52還可以攜帶波音公司的AGM-69近程攻擊飛彈（SRAM）。一九七二年三月四日，第一枚AGM-69交付緬因州洛靈空軍基地的第42轟炸機聯隊。B-52可以攜帶20枚AGM-69，其中12枚位於3聯裝翼下掛架，8枚位於尾部的炸彈艙，炸彈艙中還裝有4枚氫彈。

B-52擔當西方空中核威懾力量的中流砥柱長達三〇年，但它也能夠執行常規任務，曾參加過越南戰爭和一九九一年的海灣戰爭，也為北約在南斯拉夫的作戰行動和阿富汗的反恐行動提供了空中支援。在越南的「後衛II」轟炸行動中，B-52共出擊729架次；這次行動共投擲了20370噸炸彈，其中15000噸以上是由B-52投擲的。15架B-52被「薩姆」飛彈擊落，9架被擊傷。B-52攻擊了34個目標，1500名平民被炸死。在被擊落的B-52轟炸機的92名機組成員中，26人被救援隊救回，29人列入失蹤名單，33人被北越俘虜後最終獲得遣返。基於越南戰爭中的損失，B-52經過了大規模升級，安裝了先進的防禦性航電設備。

B-52H與其他型號「同溫層堡壘」有一個不同之處——用普拉特·惠特尼公司的TF33渦扇發動機替換了原來的J57渦噴發動機。從渦噴到渦扇，J57的第一個三級壓縮機被兩級大直徑風扇取代。

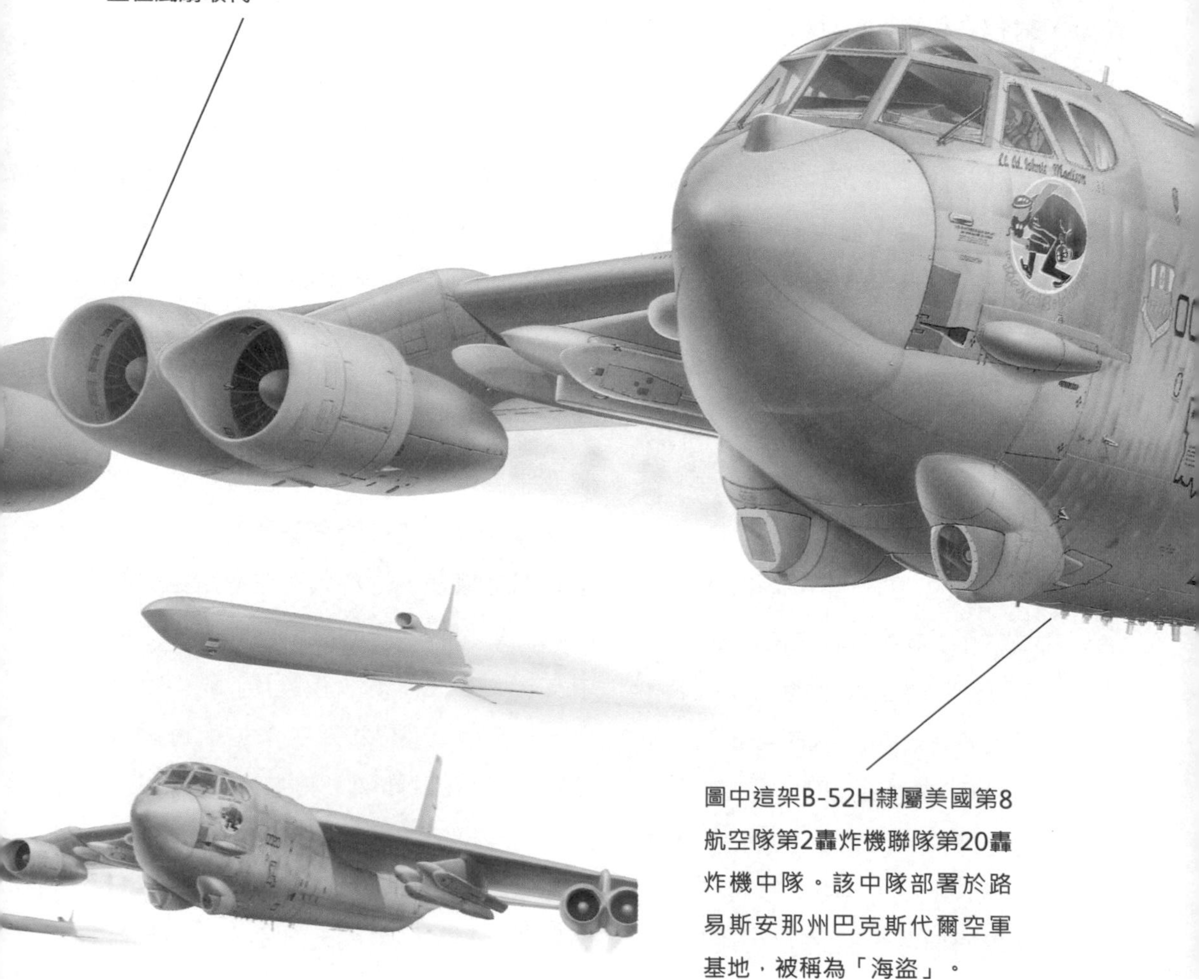

圖中這架B-52H隸屬美國第8航空隊第2轟炸機聯隊第20轟炸機中隊。該中隊部署於路易斯安那州巴克斯代爾空軍基地，被稱為「海盜」。

波音公司B-52D

類　型：6名機組成員遠程戰略轟炸機

發動機：8臺普拉特·惠特尼公司生產的推力4535千克的J57-P-29WA渦噴發動機

性　能：7315米高空最大飛行速度1014千米/小時；升限16765米；正常載彈量時航程13680千米

重　量：空重77550千克；最大起飛重量204120千克

尺　寸：翼展56.39米；機身長48.00米；高14.75米；機翼面積371.60平方米

武　器：尾部遙控砲塔安裝4挺12.7毫米機槍；可攜帶12244千克常規炸彈；Mk.28或Mk.43自由落體核武器；翼下掛架可攜帶兩枚北美公司的AGM-28B「獵犬」防區外發射飛彈

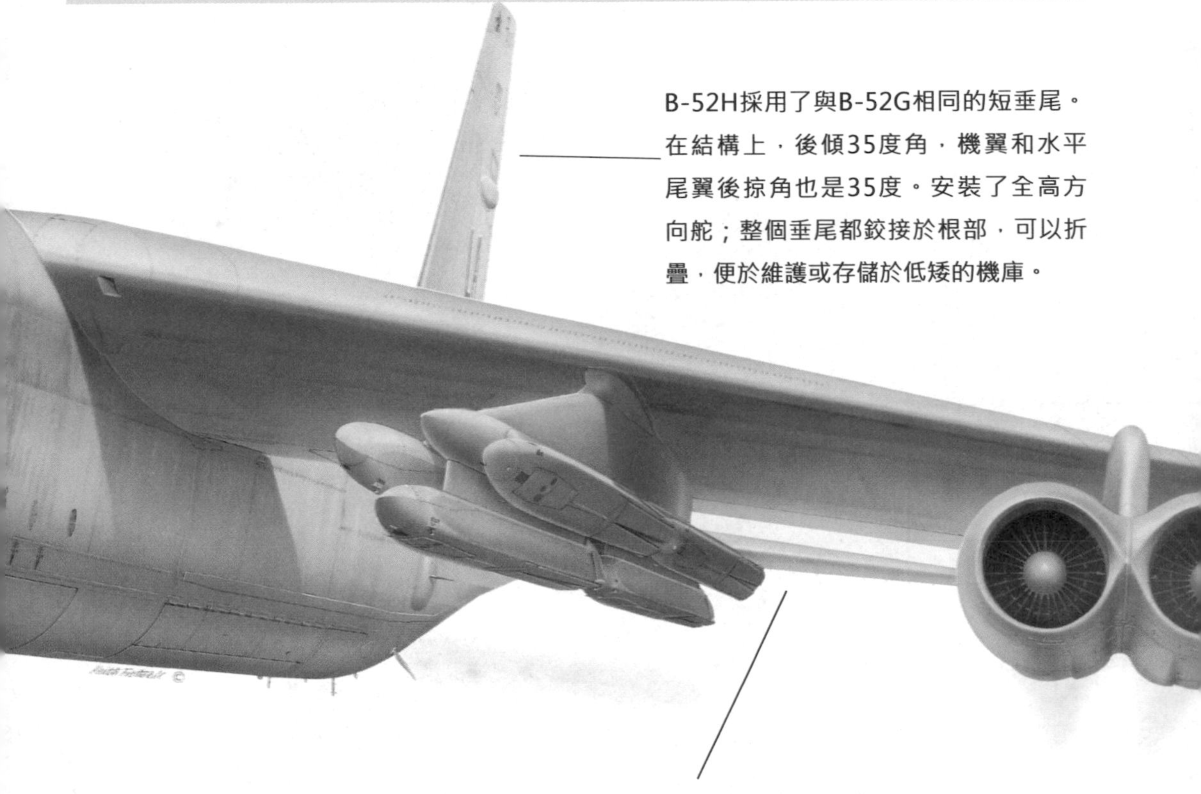

B-52H採用了與B-52G相同的短垂尾。在結構上，後傾35度角，機翼和水平尾翼後掠角也是35度。安裝了全高方向舵；整個垂尾都鉸接於根部，可以折疊，便於維護或存儲於低矮的機庫。

B-52的大翼下垂，滿載炸彈時，機翼幾乎觸及地面；翼尖安裝了支架，既能避免機翼觸及地面，又增加了起飛和降落時的穩定性。主起落架位於機身下方。

達梭「陣風」

法國最初是共同研發歐洲戰鬥機的團隊成員之一，但在研發早期就退出了，轉而研發自己的二十一世紀戰鬥機。這一成果便是達梭「陣風」。一九八三年法國提出的ACX（實驗戰鬥機）方案透露了其主要特徵，當時法國稱該型機將於九〇年代替換法國空軍裝備的歐洲戰鬥教練機和戰術支援飛機製造公司（SEPECAT）生產的「美洲虎」戰機，而ACM（海軍戰鬥機）則將成為法國海軍新一代核動力航空母艦的主力艦載戰鬥機。這種戰鬥機的尺寸比「幻影」2000略大，達梭希望它成為多用途飛機——既能在空對空作戰中擊落從超音速飛機到直升機的任何目標，又能夠向650千米外的目標投擲3500千克的炸彈或其他彈藥。它能夠掛載至少6枚空對空飛彈，並在較短的時間間隔發射；還能夠發射光電制導和先進的「發射後不管」巡航空對地武器。作戰時的高機動性、大攻角飛行能力，以及起飛和降落時的最佳低速性能，都是基本的設計目標。這使得達梭最終選擇了複合三角翼、前置可動鴨翼位置高於主翼、雙發動機、半腹部的全新進氣道和單垂尾。為了保證推重比高於單發戰鬥機，達梭決定在機身大量使用複合材料（如

下圖：一九九八年十一月二十四日，達梭第一架生產型「陣風」B.301首飛。「陣風」是用來取代法國空軍的SEPECAT「美洲虎」戰機。法國最初計畫訂購250架「陣風」，但這一數量被大大削減了。

上圖：圖中是「陣風」-A技術驗證機。英國宇航公司為歐洲戰鬥機製造了一架EAP驗證機，法國也採取了同樣的方式。一九八六年七月四日，「陣風」-A首飛，距離計畫開始僅三年。

碳纖維、硼纖維和凱夫拉）、鋁鋰合金和最新製造工藝（如鈦成分的超塑性成形及擴散結合）。在飛行測試期間飛行員座椅有30至40度的傾角，並且裝備包括側桿控制器、廣角全息平視顯示器（HUD）、平視顯示器（這樣視線就不必在HUD和儀表盤之間來回移動）和多功能彩色顯示器。

ACX的全尺寸模型在一九八三年的巴黎航展上亮相。兩年後在同一地點又展示了新的模型，與第一個模型相比，有很多重大改進。達梭公司改進了進氣道，提升了發動機進氣效率，進而提升大攻角飛行性能；將機身截面改為V形，省去了中心體和其他可動部件。垂尾的尺寸也減少了。最終設計顯示出的飛機輪廓是：懸臂式中單翼加複合三角翼，大部分機翼材料為碳纖維，機翼後緣的三段式全翼展副翼也採用了碳纖維。

與歐洲戰鬥機一樣，法國人也為「陣風」製造了一架技術驗證機，即「陣風」-A，該機於一九八六年七月四日首飛。「陣風」使用的是SNECMA公司M88-2增壓渦扇發動機，每臺發動機推力為7450千克。「陣風」分為3種類型：「陣風」-C是為法國空軍研製的單座多用途飛機；「陣風」-B是雙座型；「陣風」-M是為法國海軍研製的。它採用了數字線傳飛控技術、放寬靜穩定性

為了加快研發和生產進程，法國海軍早期裝備的「陣風」只能作為截擊機，既無頭盔瞄準具，也無語音命令控制系統。完全意義上的攻擊型「陣風」用於替換「超軍旗」。
「陣風」使用了馬丁-貝克公司SEMMB Mk16F型零-零彈射座椅，後傾角為29度。薩利特殊產品公司的氣泡形座艙蓋鉸接在機身右側，向右側開啟，座艙蓋鍍有黃金薄膜，可以降低雷達反射。
「陣風」的RBE-2下視/下射雷達能夠同時跟蹤8個不同目標，並自動進行威脅評估和優先等級處理。
「陣風」的設計特點是機身中部很薄的三角翼外加全動鴨翼，扁豆狀的進氣道，沒有激波錐。

法國海軍的「陣風」-M與空軍的「陣風」-C有80%的機身和設備通用，95%的系統通用。一九九一年法國海軍在這一計畫中的投資比例由25%降至20%。

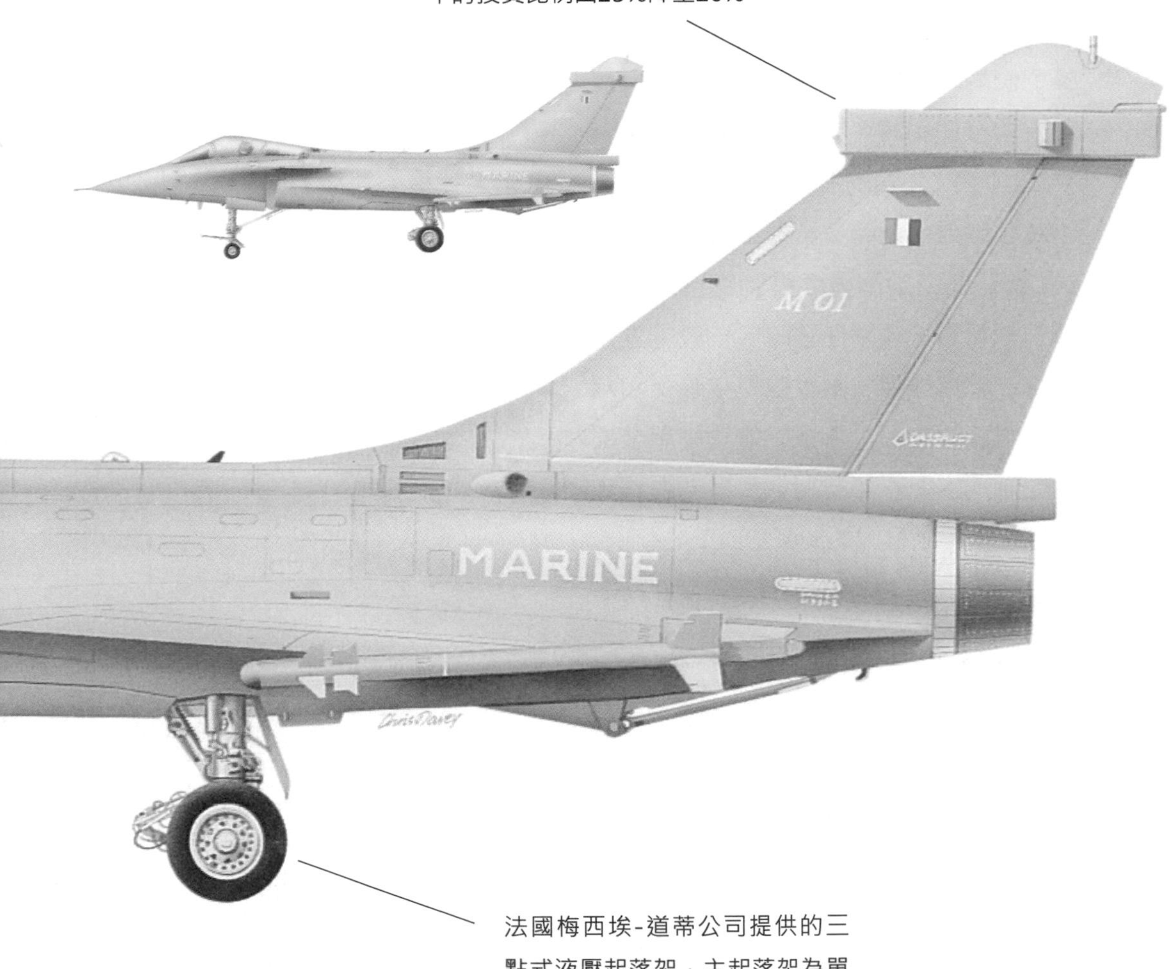

法國梅西埃-道蒂公司提供的三點式液壓起落架，主起落架為單輪，通過液壓轉向的前起落架則為雙輪。起落架向前收起，能夠承受3.0米/秒的垂直衝擊，海軍版本則能承受6.5米/秒。

和安裝有語音命令控制系統的電子化座艙。線傳飛控系統具有自動化自我保護功能，能夠在任何時候避免飛機超出設計極限。系統還具備故障時的功能重組功能，採用了光纖技術，加強了核條件下的防護。由於複合材料和鋁鋰合金的廣泛使用，整體重量減輕了7%~8%。作為攻擊機使用時，「陣風」能夠攜帶一枚法國宇航公司的ASMP核巡弋飛彈；作為截擊機使用時，「陣風」能夠攜帶8枚紅外或主動雷達跟蹤制導空對空飛彈；執行對地攻擊任務時，一般配置是6枚227千克炸彈、兩枚空對空飛彈和兩個外掛副油箱。「陣風」能夠使用全部北約制式空對空和空對地武器。內置武器是右側發動機處的30毫米DEFA機砲。

「陣風」高空最大飛行速度2馬赫，低空最大飛行速度1390千米/小時。法國計畫在二〇一五年前裝備140架「陣風」（二〇〇二年，空軍訂購了60架，海軍訂購了24架「陣風」-M），將其作為國土防空的主力。「陣風」攜帶12枚250千克炸彈、4枚空對空飛彈和3個外掛副油箱，進行低空突襲時的作戰半徑是1055千米。達梭公司極力向新加坡、沙烏地阿拉伯、韓國和阿聯酋等潛在客戶推銷「陣風」，但面臨著歐洲戰鬥機和瑞典「鷹獅」的激烈競爭。

下圖：「陣風」-M是「陣風」的海軍版，用於替換法國海軍老邁的F-8E「十字軍戰士」。與法國空軍一樣，法國海軍的採購數量也大大減少。

上圖：達梭公司的「陣風」是法國獨立精神的自豪標誌。法國拒絕依賴其他國家，將其軍事鬥爭準備押寶在這種性能高超的飛機上，這是當今性能最優的戰鬥機之一。因為二十一世紀的一切技術都投入到了這種未來派噴氣式戰鬥機中，「陣風」的爬升能力、機動能力和作戰能力勝於目前現役的任何戰鬥機。

達梭「陣風」–C

類　型：單座多用途戰鬥機

發動機：兩臺SNECMA公司生產的M88-2渦扇發動機

性　能：高空最大飛行速度2130千米/小時；升限保密；執行空對空任務的作戰半徑是1854千米

重　量：空重9800千克；最大起飛重量19500千克

尺　寸：翼展10.90米；機身長15.30米；高5.34米

武　器：1門30毫米DEFA 791B機砲；可攜帶6000千克彈藥

USAF
31668

費柴爾德・共和公司 A－10「雷電」II

一九七〇年十二月，為了競爭美國空軍的A-X計畫，費柴爾德·共和公司和諾斯洛普公司各製造了一架新型近地支援飛機原型機用於評估。一九七三年一月，美國空軍宣布費柴爾德·共和公司的YA-10競標成功。費柴爾德為了達到裝甲保護的指標，將飛行員安置於一個鈦制「澡盆」中，能夠抵擋住除大口徑砲彈直接擊中以外的火力攻擊；由於採用了冗余結構的策略，即使在機身遭到大面積損傷甚至丟失一臺尾部發動機時，飛行員仍能控制住飛機。A-10主要的內置武器是GAU-8/A「復仇者」7管30毫米轉管機砲，機砲安裝於前部機身下的中間線上，A-10有8個翼下外掛點和3個機身下外掛點，可以攜帶7250千克的炸彈、飛彈、機砲吊艙和干擾吊艙，還可攜帶用於目標指示的「鋪路便士」激光吊艙。A-10安裝有先進的航電設備，包括中央飛行數據計算機、慣性導航系統和平視顯示器。

A-10可以在457米的簡陋短跑道上起降。一九七七年三月，A-10開始交付南卡羅來納州默特爾比奇空軍基地第354戰術戰鬥機聯隊。美國空軍的戰術戰鬥機聯隊共裝備了727架A-10，重點作戰區域在歐洲。A-10作戰半徑463千米，可以從前西德中部的前沿軍事區（FOL）起飛，對前東德邊境的目標進行攻擊，之後返回前西德北部地區。A-10留空時間可達3.5個小時，不過歐洲戰場的一個作戰架次一般只需1個或兩個小時。A-10的作戰戰術是兩架飛機相互支援，一次覆

下圖：A-10A除了是一種標準的對地攻擊機外，在空戰中也不落下風，主要通過高速機動和機載7管轉管機砲掃射來襲敵機。

A-10的設計初衷是為了對抗歐洲北部敵人強大的裝甲突擊群，在海灣戰爭中，它證明了自己的實力——它的強大火力使伊拉克裝備的新式蘇制裝甲車苦不堪言。

蓋2~3英里寬的狹長地帶，第一架飛機的火力掃過目標後，第二架飛機快速跟進消滅殘留目標。A-10最遠可攻擊1220米處的目標，因為它的瞄準具刻度限定在這個距離以內。高速機動時，A-10轉彎半徑也是1220米，這也就是說飛行員可以不必飛臨目標上空。一秒鐘的火砲射擊即可將70發30毫米砲彈傾瀉到目標上，完成360度的轉彎不超過16秒，兩架A-10即可做到持續火力壓制。30毫米砲彈彈鼓足以提供10~15次火力壓制。為了提高在以雷達制導的防空高砲為主要威脅的環境中的生存能力，A-10飛行員要接受30米甚至更低的低空飛行訓練，直飛與平飛時間不能超過4秒。A-10有一個很大的優點——它的兩臺通用電氣TF-34-GE-100渦扇發動機非常安靜，因此在飛臨作戰區域時會令敵人大吃一驚，地面防空武器甚至來不及開火。攻擊由防空高砲掩護的目標時，通常需要兩架A-10的密切配合；一架攻擊目標，另一架在遠處使用電視制導「小牛」飛彈（通常攜帶6枚）攻擊防空設施。A-10也具有一定的空對空作戰能力，採用的戰術是迎頭面對來襲戰鬥機，用30毫米機砲狂掃。

一般情況下，A-10會與美國陸軍的直升機配合作戰。直升機負責攻擊伴隨掩護蘇聯裝甲突擊群的地對空飛彈和防空高砲，當敵方防空力量被壓制或削弱時，A-10則將火力集中對付敵方戰車部隊。十二年後的海灣戰爭中，這一戰術展示了極大的殺傷力。在那場衝突中，A-10面對的敵人所使用的裝備基本與歐洲北部和中部的華約部隊一致——所謂的T-72主戰戰車、履帶式防空戰車和裝甲人員輸送車。A-10如同做外科手術一般，乾淨利落地幹掉了它們。

費柴爾德・共和公司A-10A「雷電」II

類　型：單座近地支援和攻擊機

發動機：兩臺通用電氣公司生產的推力4111千克的TF34-GE-100渦扇發動機

性　能：海平面最大飛行速度706千米/小時；升限7625米；作戰半徑463千米，留空時間兩小時

重　量：空重11321千克；最大起飛重量22680千克

尺　寸：翼展17.53米；機身長16.26米；高4.47米；機翼面積47.01平方米

武　器：1門30毫米GAU-8/A轉管機砲，備彈1350發；11個外掛點，可攜帶7556千克彈藥，包括「石眼」集束炸彈、「小牛」空對地飛彈和SUU-23 20毫米機砲吊艙

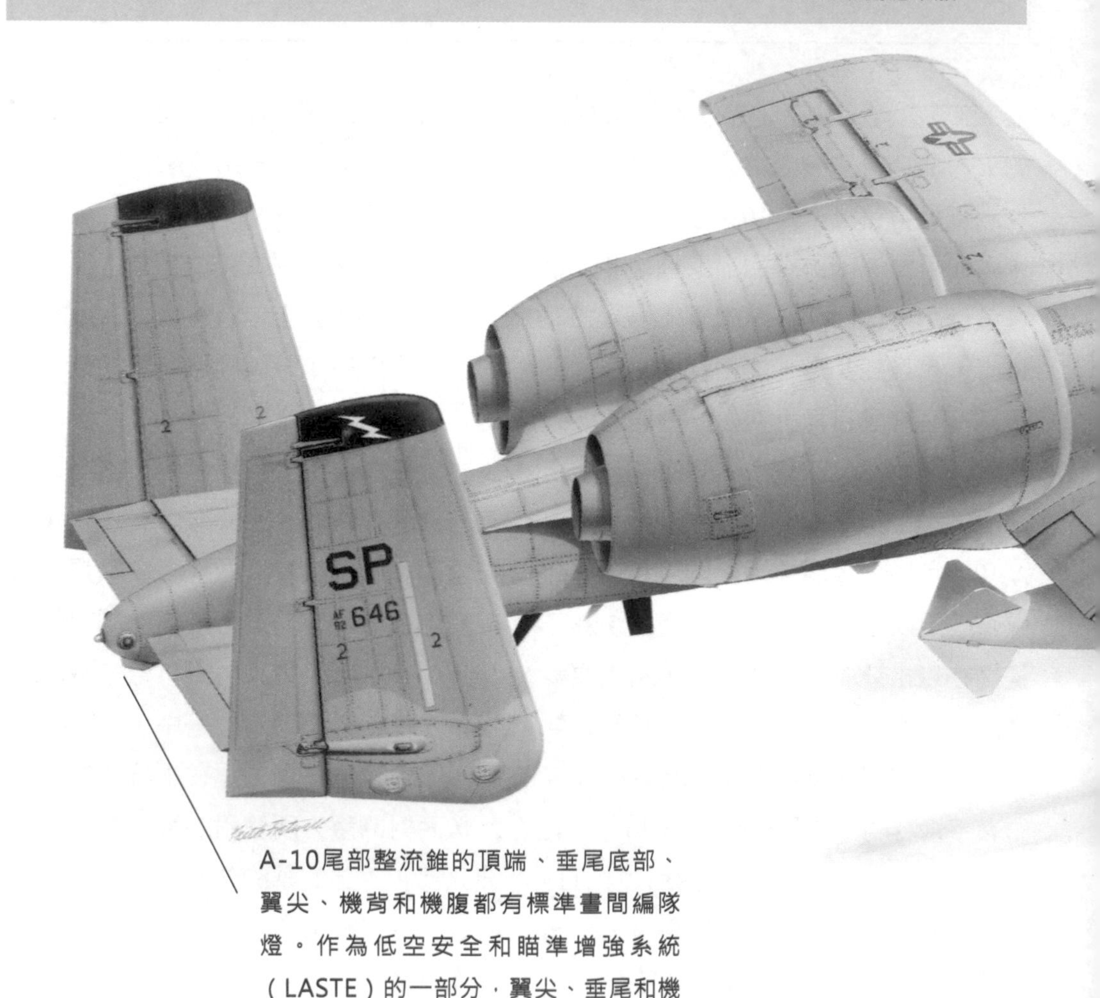

A-10尾部整流錐的頂端、垂尾底部、翼尖、機背和機腹都有標準晝間編隊燈。作為低空安全和瞄準增強系統（LASTE）的一部分，翼尖、垂尾和機背還安裝了低壓燈。

這架飛機攜帶了ALQ-184電子對抗吊艙和兩枚AIM-9L「響尾蛇」飛彈，兩枚飛彈掛載雙軌適配器（DRA）上。

GAU-8/A「復仇者」7管轉管機砲由兩臺液壓馬達驅動。在最初0.55秒內射速可達4200發/分鐘，通過無鏈供彈系統裝彈，一次最多補充1350發30毫米砲彈。

作為一種戰術飛機，儘管A-10所安裝的「復仇者」是一種強大的武器，但是在反裝甲作戰時，「小牛」飛彈才是理想的選擇。「小牛」飛彈根據反裝甲任務的類型又分為兩種，AGM-65B安裝的是圖像放大電視引導頭，AGM-68D安裝的是紅外成像引導頭。

622

格魯曼A-6「入侵者」

作為一種專門的艦載低空攻擊轟炸機，格魯曼A-6「入侵者」可以攜帶核武器和常規武器全天候對目標發起高精度攻擊。A-6參加了一九五七年美國海軍的競標，同年十二月從11個競標設計中脫穎而出。一九六〇年四月十九日，A-6A原型機首飛。一九六三年二月一日，第一架生產型進入VA-42攻擊機中隊服役。一九六九年十二月，最後一架A-6交付使用，此時A-6共生產了488架。A-6A參加了越南戰爭，晝夜不停地執行各種作戰任務，其性能遠超過其他飛機——直至F-111的到來，此後A-6還參加過其他作戰行動，如一九八六年四月攻擊利比亞。接下來的改型是EA-6A電子戰飛機，共為美國海軍陸戰隊生產了27架；再接下來是EA-6B「徘徊者」，安裝了先進的航電設備，機頭經過加長以容納兩名電子戰專家。每個美國航母戰鬥群都配備了EA-6B「徘徊者」。它的基本任務是通過干擾敵方雷達和通信系統，以保護水面艦隊和友方攻擊機。美國國防部在二十世紀九〇年代中的重組方案中，決定用EA-6B「徘徊者」取代通用動力公司的EF-111A。在新組建的5個EA-6B中隊中，4個中隊負責支援在海外執行聯合國或北約使命的美國空軍航空航天遠征部隊。與EF-111A相同，「徘徊者」的核心也是AN/ALQ-99戰術干擾系統。「徘徊者」可以攜帶5個干擾吊艙，一個安裝在機腹，其餘安裝在機翼下。每個吊艙都獨立供電，有兩個干擾發射器，可以覆蓋7個頻段。EA-6B經過

下圖：一架美國海軍VA-165攻擊機中隊的格魯曼A-6「入侵者」。「入侵者」在越南戰場上表現卓越，晝夜不停地執行各種作戰任務，性能遠超過其他飛機——直至F-111的到來。

圖中是「入侵者」的加油機型——KA-6D。KA-6D是將A-6A的大部分轟炸和武器系統拆除，包括雷達。機翼和機身後部經過加強。

了多次升級，至二〇一〇年仍然在役，它在全世界範圍內支援美國海軍、美國海軍陸戰隊和美國空軍的攻擊部隊已40餘年。海灣戰爭期間，「徘徊者」在壓制伊拉克防空雷達系統的任務中扮演了主角。美國國防部計畫用F/A-18G「咆哮者」取代「徘徊者」，F/A-18G「咆哮者」是由F/A-18E/F改裝的，用於護航和近距離干擾。遠距離干擾由美國空軍的EB-52、EB-1或無人機負責。

「入侵者」的最後一款基本攻擊型是A-6E，首飛於一九七〇年二月。A-6E共生產了318架，其中119架是由A-6A改裝的。還有一部分基本型A-6A被改裝為A-6C，增強了夜間攻擊性能。KA-6D則是一種空中加油機。一九九六年底，A-6終結了在美國海軍三一年的作戰生涯。據稱A-6作為一線部隊的作戰飛機過於昂貴，而它的縱深攻擊能力在冷戰後已顯得不再重要。一九九六年冬，太平洋艦隊和大西洋艦隊的A-6中隊進行了退役前的最後一次巡航。東海岸的很多A-6被丟入佛羅里達州海岸以外的大西洋，作為人造暗礁。現在，只有EA-6B「徘徊者」仍然在役，美國海軍和美國海軍陸戰隊都有使用。

格魯曼A-6A「入侵者」

類　型：雙座全天候攻擊機

發動機：兩臺普拉特·惠特尼公司生產的推力4218千克的J52-P-8A渦噴發動機

性　能：海平面最大飛行速度1043千米/小時；升限14480米；滿載武器時航程1627千米

重　量：空重12130千克；最大起飛重量27397千克

尺　寸：翼展16.15米；機身長16.64米；高4.93米；機翼面積49.13平方米

武　器：5個外掛點，共可攜帶8165千克彈藥

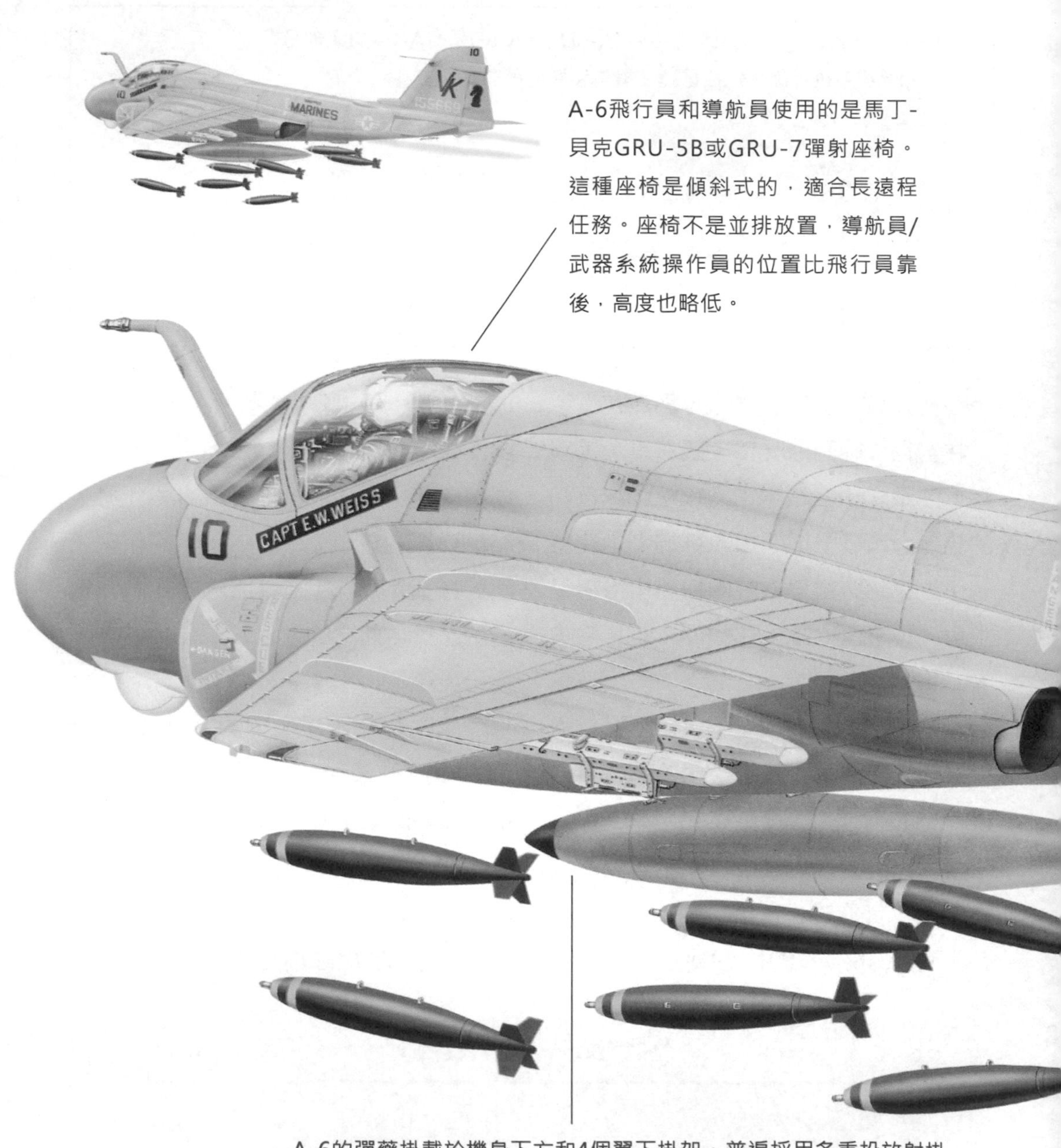

A-6飛行員和導航員使用的是馬丁-貝克GRU-5B或GRU-7彈射座椅。這種座椅是傾斜式的，適合長遠程任務。座椅不是並排放置，導航員/武器系統操作員的位置比飛行員靠後，高度也略低。

A-6的彈藥掛載於機身下方和4個翼下掛架。普遍採用多重投放射掛架（MER），每個掛架下有6枚炸彈。但在實際中，只有外部掛架會掛6枚炸彈，為了便於起落架收起，內部掛架只掛5枚炸彈。「斯拉姆」/「魚叉」飛彈或核武器等大型武器通常掛載於內部掛架。

垂尾頂部凸出的整流罩內安裝有自衛系統天線。ALQ-126自衛電子對抗設備（DECM）和ALR-67威脅告警接收器的天線都安裝於此。其他天線則位於翼根前緣。

在一九九〇年五月十一日以前，圖中這架A-6E隸屬於加里福尼亞州埃爾托羅基地MAG-11海軍陸戰隊航空隊VMA（AW）-121攻擊機中隊。該中隊後來改稱VMFA（AW）-121戰鬥攻擊機中隊，也是美國海軍陸戰隊5個A-6中隊中第一個安排A-6退役的中隊。1990～1995財年，美國海軍陸戰隊與美國海軍的A-6開始退役。

羅克韋爾B-1B「槍騎兵」

上圖：圖中1名技術人員正在對準備掛載至B-1B上的聯合直接攻擊彈藥進行檢查，在全球反恐戰爭期間，大多數大規模攻擊任務都由B-1B和B-52機群完成。

B-1的設計初衷是為了取代B-52和FB-111執行低空滲透任務。B-1原型機於一九七四年十二月二十三日首飛，隨後的試飛和評估都進行得非常順利。一九七五年四月二十一日，戰略空軍司令部第22空中加油中隊的KC-135加油機為這種新型轟炸機進行了第一次空中加油試驗。九月十九日，這種轟炸機首次由戰略空軍司令部的飛行員試飛，飛行員是愛德華茲空軍基地第4200測試與評估中隊的喬治·W. 拉爾森少校。在6個半小時的飛行中，三分之一的時間是由拉爾森少校駕駛的。

第二年，測試仍在進行。一九七六年十二月二日，當時的美國國防部長唐納德·H. 拉姆斯菲爾德在與傑拉爾德·福特總統協商後，授權美國空軍將B-1投入生產。但是由於國會在九月就已經將B-1計畫每個月的經費限制在8700萬美元，因此計畫進展很慢，B-1的未來掌握在吉米·凱爾總統手中，凱爾總統一九七七年一月二十日就職。

凱爾總統總統遲遲沒有決定B-1的未來。直至一九七七年六月三十日，凱爾總統在一次全國電視講話中表示，B-1不會投入生產。但是到了一九八一年十二月二日，羅納德·雷根總統領導的新一屆美國政府決定重新啟動羅克韋爾B-1計畫。一九七七年至一九八一年，美國空軍用B-1原型機進行了轟炸機滲透評估，這使得作戰效能極高卻已被放棄的先進轟炸機得到了投入生產的機會，而不需對誰施加壓力——事實已經證明一切。美國空軍的結論是，技術嫻熟的機組成員加靈活的戰術，這種轟炸機飛臨目標上空的概率超過了計算機的預測。一九八一年初，這一事實以報告的形式遞交國會。

這種超音速轟炸機共交付給戰略空軍司令部100架，被稱為B-1B（原型機稱為B-1A）。B-1B的基本任務是攜帶自由落體武器進行滲透，並使用短程攻擊飛彈（SRAM）進行防空壓制。B-1B稍作改裝還可以發射空射巡弋飛彈（ALCM）；在兩個炸彈艙安裝一個可拆卸隔艙，內裝ALCM發射器。

一九八四年十月，第一架B-1B首飛，剛好趕在進度表之前。而在幾個星期前，兩架B-1A原型機的一架在一次測試中墜毀。一九八五年七月七日，第一架作戰型B-1B（編號83-0065）交付戴也斯空軍基地第96轟炸機聯隊，實際上它叫做「正式裝備型」更貼切，因為此前戰略空軍司令部已經為82-0001舉辦了接收儀式，另一架原型機由於發動機吸入發生故障的空調的螺栓和螺母而受損。

儘管航電等系統還存在問題，一九八六年B-1B交付戰略空軍司令部的速度已經達到了每月4架。一九八七年一月的測試中，B-1B成功發射了短程攻擊飛彈；四月，第96轟炸機聯隊的B-1B完成了長達21個小時40分鐘的飛行任務，期間進行了5次空中加油以維持滿載重量，飛機以741千米/小時的速度飛行了15138千米。這次試驗與研究重載遠程奔襲技術有關。B-1B的大部分任務都是在超音速飛行時完成的；飛機採用固定形狀的發動機進氣道，彎曲的進氣道加上順著彎曲方向安裝的擋板，可以遮擋發動機風扇的雷達反射。這些措施也將最高速度降至1.2馬赫；早期的B-1A採用了外壓式進氣道，速度可達2.2馬赫，但是雷達信號卻是B-1B的10倍。

B-1B採用了大量所謂的「隱身」技術，提高了突破敵方最先進的防空體系的概率。

羅克韋爾B-1B

類　型：4機組成員戰略轟炸機

發動機：4臺通用電氣公司生產的推力13958千克的F101-GE-102渦扇發動機

性　能：高空最大飛行速度1328千米/小時；升限15240米；航程12000千米

重　量：空重87072千克；最大起飛重量216139千克

尺　寸：翼展41.65米；機身長44.81米；高10.36米；機翼面積181.16平方米

武　器：執行常規任務時，可攜帶38320千克Mk82炸彈，或者10974千克Mk84炸彈。或者是24枚短程攻擊飛彈，12枚B.28或B.43或B.61或B.63自由落體核炸彈。內部發射架可攜帶8枚空射巡弋飛彈，翼下發射架可攜帶14枚。翼下可攜帶各種彈藥組合。執行低空任務時，只使用內部彈艙

這架灰色塗裝的B-1B「槍騎兵」隸屬於第366聯隊，該聯隊被稱為「槍戰士」，是美國空軍可快速部署的空中介入聯隊。一九九四年四月四日，第366聯隊下屬的第34轟炸機中隊在埃利斯沃斯成立，該部以前駐紮在加里福尼亞州古堡空軍基地，裝備的是B-52G。

B-1B的3個武器艙可以各攜帶1個常規武器模塊（CWM）。CWM不能旋轉，但是這種剛性支架可以攜帶與旋轉發射架相同的耳軸，能夠發射空射巡弋飛彈。CWM使B-1B更便於攜帶常規炸彈。

一九八四年十月，第一架羅克韋爾B-1B首飛，剛好趕在進度表之前。而在幾個星期前，兩架B-1A原型機的一架在測試中墜毀。一九八五年七月七日，第一架作戰型B-1B交付使用。

B-1B的空中加油設備安裝於座艙正前方，飛行員更容易進行空中對接操作。夜間加油時，白色標識可以使加油機的加油桿操作員看得更清楚。

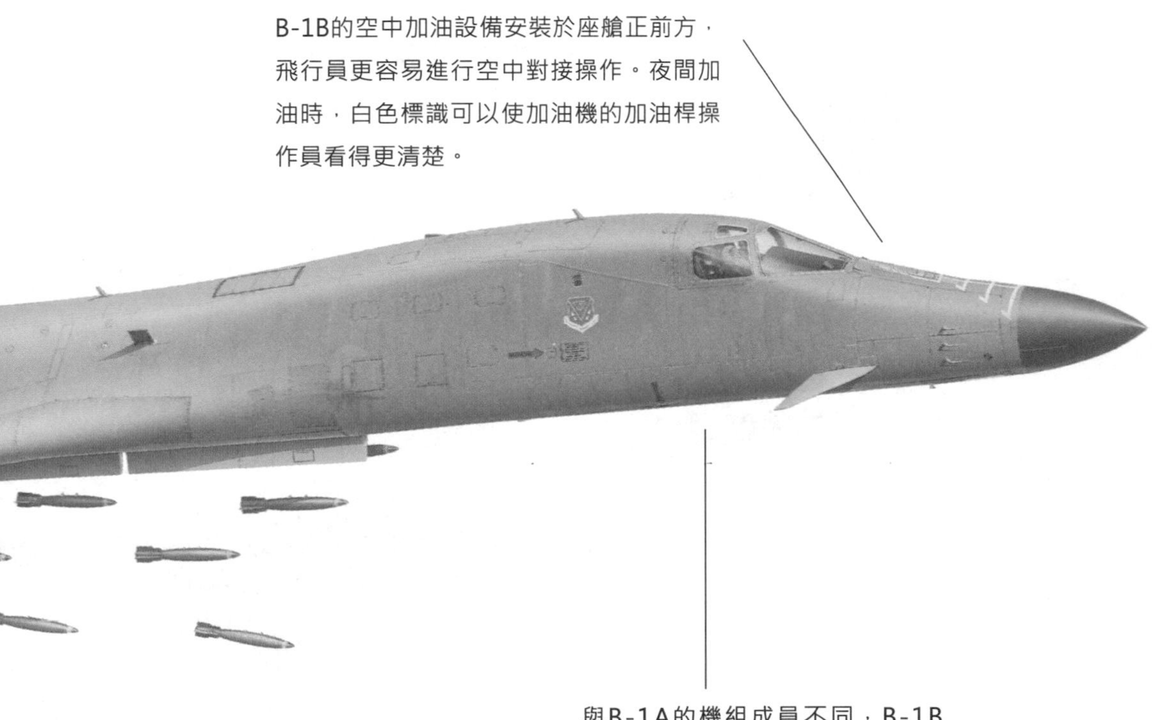

與B-1A的機組成員不同，B-1B的每一個機組成員都有一部韋伯ACES II彈射坐椅。在緊急情況下，逃生艙可以與機身份離，在小型火箭、穩定器和3個阿波羅型降落傘的幫助下，安全降落到地面。氣囊可以起到緩衝作用。

RESCUE
E-598

洛克希德・馬丁F-16

上圖：F-16一直在進行升級，它的壽命延長至二十一世紀。二〇〇二年一月，第一架飛機完成了最新一次升級。升級計畫分為幾個階段，每一階段都針對F-16不同的設備。

洛克希德·馬丁公司的F-16「戰隼」是世界上最優秀的戰機，美國空軍裝備過的F-16超過2000架，另外還有2000餘架服役於世界各地的19支空軍。二〇〇二年接到的訂單包括：巴林10架，希臘50架，埃及24架，紐西蘭28架，阿聯酋80架，新加坡20架，韓國20架，阿曼12架，智利10架。以色列擁有除美國之外最大的F-16機群，定購了110架F-16I，二〇〇三年開始交貨。這些F-16I將安裝普拉特·惠特尼F100-PW-229發動機、以色列埃爾比特公司的航電設備、埃李斯拉公司的電子戰系統、拉斐爾公司的武器和探測器，例如「藍盾」II目標激光指示吊艙。義大利在獲得歐洲戰鬥機「颱風」之前租借了34架F-16，匈牙利也想購買美國空軍淘汰的F-16。

F-16最初是由通用動力公司設計和製造的，起源於一九七二年美國空軍的輕型戰鬥機選型，一九七四年二月二日首飛。它安裝了通用電氣—馬可尼平視顯示器和武器瞄準電腦系統（HUDWACS），通過該系統目標指示信號和飛行信號都顯示在平視顯示器上。HUDWACS電腦用於指引武器攻擊平視顯示器上顯示的目標。F-16的HUDWACS能夠顯示出水平和垂直速度、高度、航向、爬升和翻滾扭桿、剩餘航程，供飛行員參考。分5種對地攻擊模式和4種空戰模式。空戰時，在「快速射擊」模式下，飛行員只需在平視顯示器上劃出連續計算彈跡線（CCIL），即可瞄準來襲敵機。前視計算機視距外（LCOS）模式用於攻擊指定的目標；近距格鬥模式則結合了「快速射擊」模式和LCOS模式；另外還有一種空對空飛彈模式。F-16的翼下外掛點可以經受住9個g的機動，因此F-16即便攜帶武器也能進行近距格鬥。F-16B和F-16D是雙座型，F-16C於一九八八年開始交貨，航電設備進行了大量改進，發動機也可根據用戶需要選擇。F-16參加了黎巴嫩戰爭（以色列空軍使用）、海灣戰爭和巴爾幹戰爭。典型的掛載配置是：兩個翼尖各攜帶1枚「響尾蛇」，機翼外側掛點攜帶4枚；機身中線下方攜帶GPU-5/A 30毫米機砲吊艙；機翼內側掛點和機身下方攜帶副油箱；機艙右側攜帶「鋪路便士」激光光斑跟蹤器；炸彈、空對地飛彈和曳光彈吊艙都掛載於4個機翼內側掛點。F-16可以攜帶各種先進的視距外飛彈，如「小牛」空對地飛彈、「哈姆」和「百舌鳥」反雷達飛彈，武器撒布器可以攜帶各種分彈頭，如跑道阻斷炸彈、小型聚能炸彈、反戰車和區域阻斷地雷。

F-16一直在進行升級，它的壽命延長至二十一世紀。美國空軍的650架F-16 Block40/50也進行了升級，稱為「通用構型實施項目」（CCIP）。二〇〇二年一月，第一架飛機完成升級，該項目第一階段是安裝中心計算機和彩色座艙改裝；第二階段開始於二〇〇二年九月，包括安裝先進的詢問/應答器、洛克希德·馬丁「狙擊手」XR先進前視紅外指示吊艙；第三階段開始於二〇〇三年七月，加裝Link 16數據鏈、聯合頭盔指示系統和電子水平狀態指示器。「狙擊手」XR吊艙的出口版本稱為「潘朵拉」，被挪威皇家空軍選中。「狙擊手」XR整合了高分辨率的中波前視紅外指示器、雙模激光指示器、電視攝像機、激光光斑跟蹤器和激光標示器，並採用了先進的圖像處理算法。美國海軍使用的「戰隼」稱為F-16N，訂購於八〇年代中期，機翼經過加強，可以攜帶空戰演習測試設備（ACMI）吊艙。一九八七年三月二十四日，第一架F-16N首飛，共交付了26架，其中3架是TF-16N雙座教練機。大部分都歸美國海軍戰鬥機學校（即著名的Top Gun）使用。

洛克希德·馬丁F-16C

類　型：單座空優戰鬥機和攻擊機

發動機：1臺普拉特·惠特尼公司生產的推力10800千克的F100-PW-200或通用電氣公司生產的推力13150千克的F110-GE-100渦扇發動機

性　能：高空最大飛行速度2142千米/小時；升限15240米；航程925千米

重　量：空重8627千克（F110-GE-100），最大起飛重量19187千克

尺　寸：翼展9.45米；機身長15.09米；高5.09米；機翼面積27.87平方米

武　器：1門通用電氣公司生產的M61A1多管機砲；7個外掛點，共可攜帶9276千克彈藥

F-16的座艙和氣泡形座艙罩為飛行員提供了無障礙的前視和上視視野，極大改善了側視和後視視野。坐椅傾斜角由13度增加到30度，極大提高了舒適性和抗荷力。

30多年來，M61「加特林」機砲一直是美國空軍戰機的標準內置武器，既用於近距離格鬥，又用於低空掃射。實際上，這種機砲只有在非常近的距離上用作空對空武器才有效。

F-16正在發射AGM-88A「哈姆」反輻射飛彈。美國空軍的部分F-16要執行「野鼬鼠」防空壓制任務，以前這種任務由麥克唐納·道格拉斯F-4G「鬼怪」負責。

F-16攜帶了AN/ALQ-119干擾吊艙，通常安裝在左側AIM-7飛彈掛架上。它能夠提供完整的電子對抗手段，覆蓋了所有可能會遇到的威脅。

這架F-16C尾部的標識表明它隸屬第52戰術戰鬥機聯隊，基地位於德國斯潘達勒姆。多年以來第52戰術戰鬥機聯隊一直都是北約的前線作戰部隊，以前該聯隊裝備的是F-4「鬼怪」。

洛克希德SR-71A「黑鳥」

一九六四年七月二十五日，美國總統林登·B. 約翰遜揭開了軍用航空器歷史上最祕密項目之一的面紗的一角。約翰遜宣布：「SR-71的飛行速度超過3倍音速，能夠在80000英尺以上的高空飛行。它使用了各種世界上最為先進的偵察設備。這種飛機能夠為美國戰略部隊提供最出色的遠程偵察能力。在軍事對抗或者其他美國軍隊與外國軍隊遭遇的情況下，這種飛機將派上用場……」

約翰遜總統說得不錯，但有一點說錯了。這種飛機最初命名為RS（偵察系統）71，但是官方最終認為與其通知約翰遜總統他說錯了，還不如把飛機的名字改為SR-71省事。

SR-71的研製工作始於一九五九年。當時由洛克希德公司專門負責高級開發計畫的副總裁克拉倫斯·L. 約翰遜帶隊，設計一種徹底超越洛克希德U-2的新飛機，執行戰略偵察任務。該項目稱為A-12，這種新飛機是在絕密條件下研製的，最終在洛克希德公司伯班克工廠（即所謂的「臭鼬工廠」）的一個嚴格限制人員進出的廠房中成型。一九六四年夏天，當該計畫浮出水面時，該型機已經生產了7架。此時，A-12已經開始在愛德華茲空軍基地進行各種測試，在70000英尺高空的飛行速度超過2000英里/小時。早期試飛還為了檢驗A-12是否適合作為遠程截擊機。一九六四年九月，試驗型截擊機改型在愛德華茲空軍基地與公眾見面，稱為YF-12A。

YF-12A只生產了兩架，之後截擊機計畫被取消了。但是戰略偵察型得以繼續發展，一九六四年十二月二十二日，SR-71A原型機首飛。第一架飛機交給了戰略空軍司令部。一九六六年一月七日，一架SR-71B雙座教練型（編號61-7957）交付加里福尼亞州比爾空軍基地第4200戰略偵察聯隊（SRW）。第4200戰略偵察聯隊組建於一九六五年，當第一架SR-71交付時，被選中的機組成員已經在諾斯洛普T-38上進行了複雜的訓練。同樣是在一年前，即一九六五年七月，8架T-38到達比爾空軍基地。

一九六六年六月二十五日，SR-71仍在交付之中，第4200戰略偵察聯隊改稱第9戰略偵察聯隊，下轄第1和第99

洛克希德的SR-71歸第9戰略偵察聯隊使用，該聯隊在世界多處基地設立分遣隊。通常每次在這些基地同時部署兩架，一架行動，一架備份。

洛克希德SR-71A

類　型：雙座戰略偵察機

發動機：兩臺普拉特·惠特尼公司生產的推力14740千克的JT11D-20B渦噴發動機

性　能：24385米高空最大飛行速度3220千米/小時；升限24385米；航程4800千米

重　量：空重30612千克；最大起飛重量78000千克

尺　寸：翼展16.94米；機身長32.74米；高5.64米；機翼面積149.10平方米

武　器：無

SR-71A計畫早期的一大問題是研製一種高閃點燃料。這種燃料最初稱為PF-1，後來改稱JP-7，只有在很高的溫度下才能點燃，降低了高馬赫數飛行時機體溫度過高導致燃料意外著火的風險。

這種飛機還安裝了高分辨率的機載側視雷達（SLAR）系統，能夠晝夜全天候收集SR-71兩側10～80海里範圍內目標的圖像情報；可以拍攝寬10～32千米、長4000海里狹長範圍的圖像。此外，SR-71安裝了電子情報（ELINT）接收器，能夠收集半徑700千米範圍內的電子信號。

由兩套空氣循環系統組成的複雜環境控制系統，為座艙和其他機載系統提供加熱和冷卻空氣。3套液氧轉化器（其中1套是備份）為機組成員供氧，彈射坐椅的救生包中有應急供氧設備。

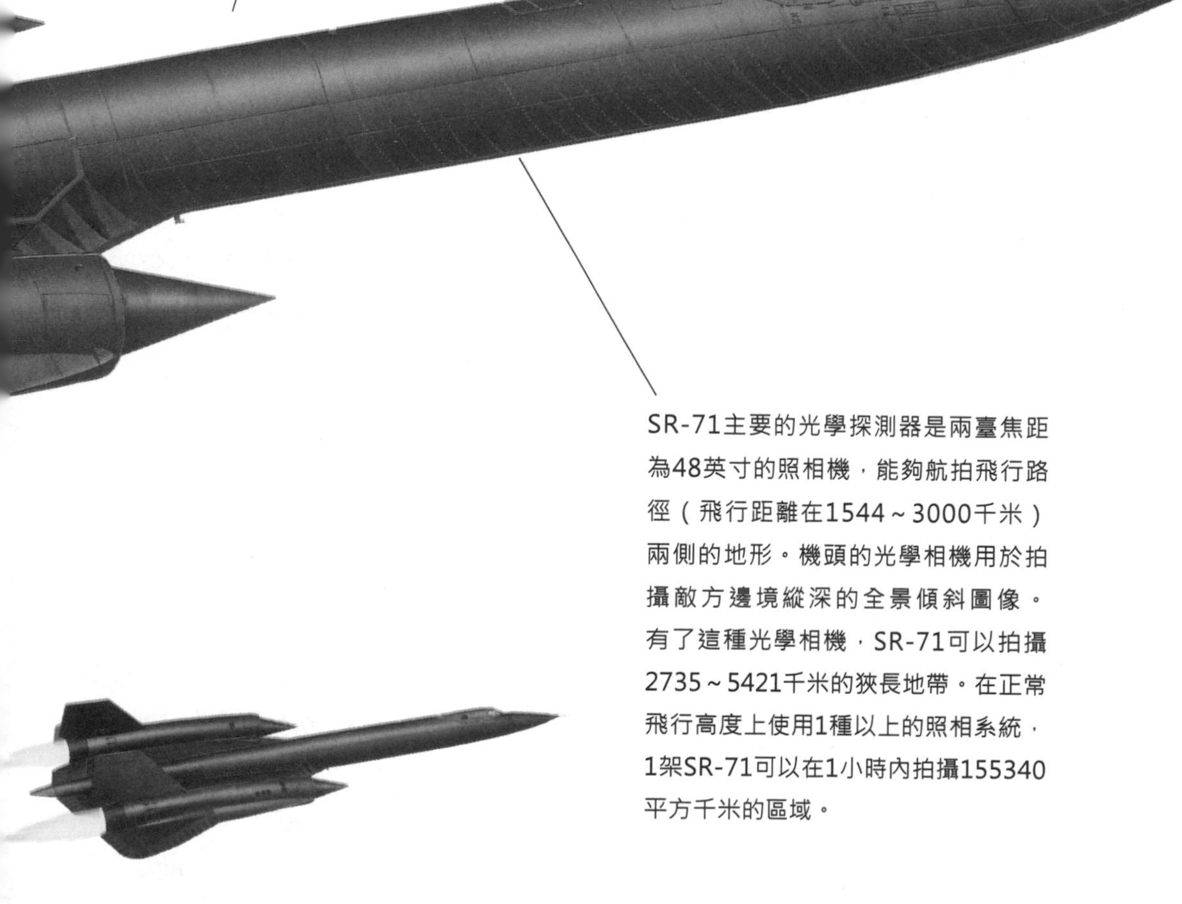

SR-71主要的光學探測器是兩臺焦距為48英寸的照相機，能夠航拍飛行路徑（飛行距離在1544～3000千米）兩側的地形。機頭的光學相機用於拍攝敵方邊境縱深的全景傾斜圖像。有了這種光學相機，SR-71可以拍攝2735～5421千米的狹長地帶。在正常飛行高度上使用1種以上的照相系統，1架SR-71可以在1小時內拍攝155340平方千米的區域。

上圖：洛克希德公司的SR-71「黑鳥」式飛機毋庸置疑是迄今為止給人們留下最深刻印象的軍用噴氣式飛機。目前的官方記錄表明，自從「黑鳥」服役開始直到它退役後一二年的一九九〇年，SR-71一直都是世界上飛行速度最快的噴氣式飛機。「黑鳥」總是執行一些高度機密的偵察任務，在超過二〇年的時間裡，通過它的傳感器系統收集到的資料曾經用於幫助美國政府制定外交政策。

戰略偵察中隊。一九六八年春天，由於U-2在「薩姆」飛彈的威脅下日益脆弱，美國決定在沖繩島嘉手納空軍基地部署4架SR-71，專門負責偵察東南亞地區。這一次部署被稱為「巨達」，是一次長達70天的臨時任務，機組成員在比爾和嘉手納之間來回換班。飛機則留在原地，並在此逐步形成了第9戰略偵察聯隊第1分遣隊。一九六八年四月，SR-71第一次前往越南執行任務，此後每週都要執行此類任務3次。

SR-71在英國的部署開始於一九七六年四月二十日，當時64-17972號機在皇家空軍密爾登霍爾基地執行為期10天的臨時任務。同年，SR-71在皇家空軍密爾登霍爾基地的部署成為常態，在英國的SR-71隸屬第9戰略偵察聯隊第4分遣隊（第4分遣隊最初是一支U-2分遣隊，但是在八〇年代初U-2轉移到了皇家空軍阿康拜基地）。SR-71在英國每次都是同時部署兩架，在蘇聯的北極、波羅的海和地中海地區上空執行偵察任務。一九八六年四月十六日，駐紮在英國的F-111和美國海軍艦載機對利比亞執行完攻擊任務後，第4分遣隊的兩架SR-71A（編號64-17960和64-17980）前往利比亞執行攻擊後的偵察任務。一次派出兩架SR-71執行同一項任務很少見。

洛克希德U-2

洛克希德U-2R

類　型：單座高空偵察機

發動機：1臺普拉特·惠特尼公司生產的推力7711千克的J75-P-13B渦噴發動機

性　能：12200米高空最大飛行速度796千米/小時；升限27430米；攜帶副油箱時航程4184千米

重　量：空重7030千克；最大起飛重量18730千克

尺　寸：翼展31.39米；機身長19.13米；高4.88米

武　器：無

相機隔艙（或稱Q艙）位於座艙後部，隔艙開有兩個門，一個位於機背，一個位於機腹。主相機稱為73B型，或簡稱B型，是一種革命性的設備，由於加入了一種降低發動機震動和補償機身晃動的系統，可以最大限度地消除模糊不清的情況。

U-2座艙的一大特徵是手動操縱的座艙蓋，與F-104類似，座艙蓋鉸接在座艙一側，沒有彈射座椅。U-2飛行員的工作環境很特別，最不可思議的是食物加熱器，通過一根管子提供類似航天員的流質食物。

一九五四年三月，洛克希德公司首席設計師克拉倫斯·L. 約翰遜提議為美國空軍設計一種高空偵察機，因為朝鮮戰爭已經證明：現有的偵察機在敵方上空的生存概率很低。這就是後人所知的洛克希德CL-282，在F-104「星戰士」機身和機尾的設計基礎上，安裝大展弦比機翼。但是這一提議由於發動機選型而遭到拒絕：約翰遜想選用尚處於試驗階段的通用電氣J73，而美國空軍卻熱衷可靠的普拉特·惠特尼J57。美國空軍的擔憂是可以理解的：在敵方上空長時間飛行，發動機的可靠性意味著生存能力。

但這沒有嚇倒約翰遜，他將計畫提交給了中央情報局（CIA）的官員。在與CIA局長艾倫·杜勒斯和CIA研究與發展主任喬·查理克博士會談後，最終達成了協議——約翰遜要圍繞普拉特·惠特尼J57渦

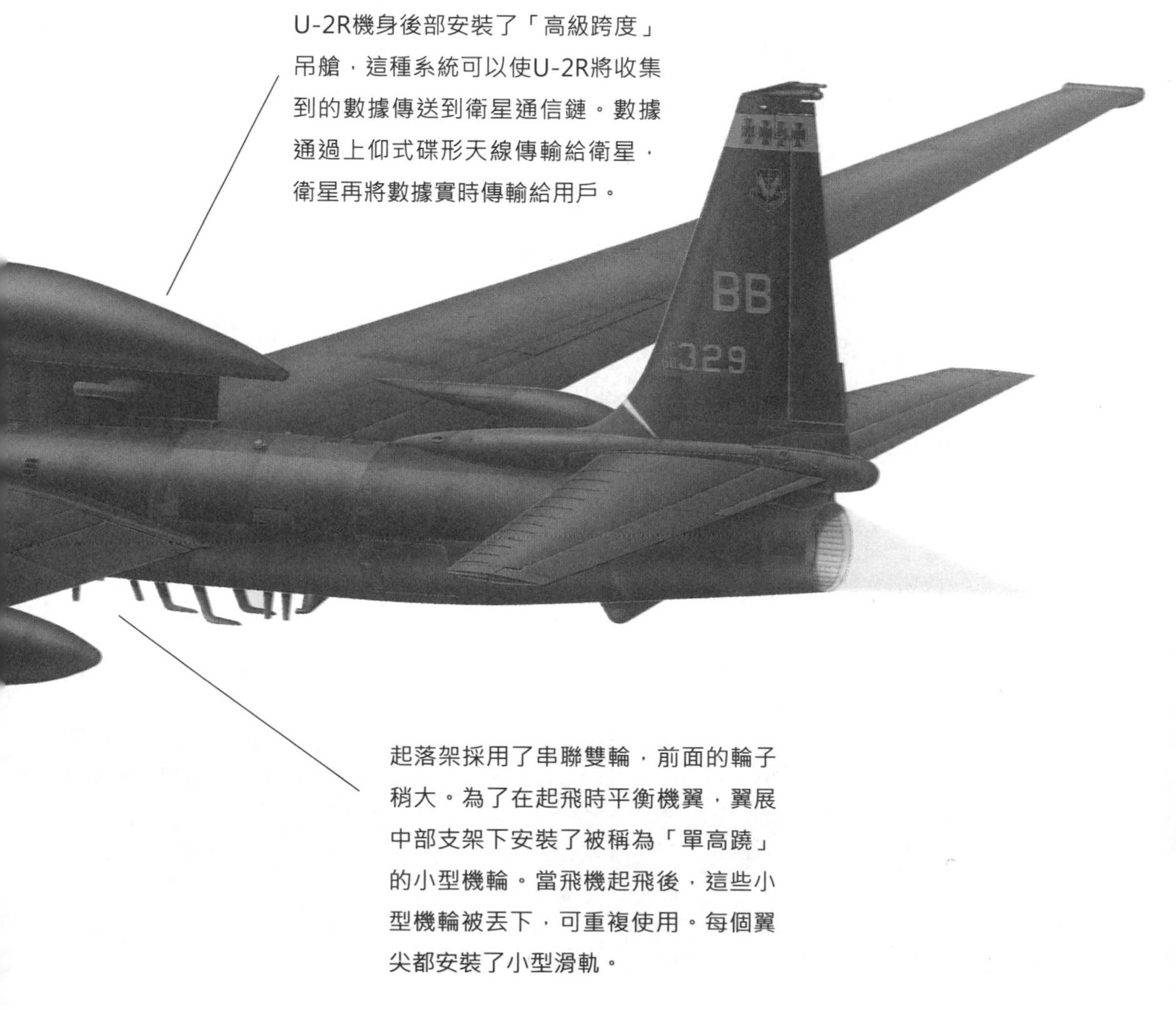

U-2R機身後部安裝了「高級跨度」吊艙，這種系統可以使U-2R將收集到的數據傳送到衛星通信鏈。數據通過上仰式碟形天線傳輸給衛星，衛星再將數據實時傳輸給用戶。

起落架採用了串聯雙輪，前面的輪子稍大。為了在起飛時平衡機翼，翼展中部支架下安裝了被稱為「單高蹺」的小型機輪。當飛機起飛後，這些小型機輪被丟下，可重複使用。每個翼尖都安裝了小型滑軌。

噴發動機重新設計CL-282，但仍可保留很多F-104的特徵。約翰遜表示洛克希德生產20架飛機及零件需要花費2200萬美元並在合同簽署後8個月內生產出原型機。

一九五四年十二月九日，CIA授予了洛克希德公司一份研發合同，名為「感光板計畫」，CIA提供機身經費，美國空軍提供發動機經費。原型機是在絕密條件下製造的，由洛克希德公司高級開發計畫辦公室伯班克工廠（即所謂的「臭鼬工廠」）工程部負責。「臭鼬工廠」這一名字起源於《李·艾伯納》動畫片中的角色，他在一個簡陋的棚屋內利用臭鼬、舊靴子和其他手邊的東西釀造「基卡普啤酒」。一九四三年開始使用這個名字，當時XP-80的設計工作在伯班克工廠一個由發動機木箱和馬戲團帳篷臨時搭建的車間內進行，附近有一個臭氣薰天的塑料工廠。

飛機最初被稱作中央情報局341號物品，就像一架安裝了噴氣發動機的滑翔機——機身修長，長錐形機翼，高高的垂尾和方向舵。洛克希德U-2註定要成為最具爭議性和政治爆炸性的飛機。

一九五五年八月，U-2首飛，很快就接到了52架的生產訂單。一九五六年U-2開始飛越蘇聯和華約組織國家領空。一九六〇年五月一日，當時中央情報局的飛行員弗朗西斯·G. 鮑爾斯駕駛的飛機在弗德洛夫斯克附近被蘇聯的SA-2飛彈擊落。一九六二年古巴飛彈危機時期，U-2開始飛越古巴上空，1架被擊落。一九六五～一九六六年，U-2還出現在了北越上空。U-2R是最後一款U-2改型，但是一九七八年美國重啟U-2生產線，生產了29架由U-2R發展而來的TR-1A戰場監視飛機。九〇年代，所有的TR-1A改稱U-2R。

下圖：U-2R機身上方安裝了「高級跨度」吊艙。該系統可以通過衛星數據鏈將機載「高級玻璃」信號情報（SIGINT）套件收集的情報數據發送出去，曾在前南斯拉夫的作戰行動中使用過。

洛克希德·馬丁
F-22「猛禽」戰鬥機

二十世紀八〇年代初，美國空軍啟動了著名的「先進戰術戰鬥機（ATF）」開發項目，洛克希德·馬丁公司的F-22「猛禽」戰機就是於那時開始研製的，與它一同競爭此項目的還有諾斯洛普·格魯格公司的F-23戰鬥機，後來F-22戰鬥機成功勝出，成為美國空軍新世紀裝備的空優戰鬥機。美國空軍啟動該項目是希望為未來取代F-15戰鬥機作準備。作為F-15未來的替代者，F-22要贏得空軍的青睞，必須在空優作戰方面表現出更加優於F-15戰鬥機的性能。基於此原因，F-22項目開始後，最初也曾被定位為空優和攻擊雙重用途，其編號也被定為F/A-22，後來研製團隊重新對戰機性能進行了調整，仍和F-15一樣將空優作戰任務置於最優先的位置。

F-22戰機的研究進度之所以會一拖再拖，除軍方功能需求方面的不斷變化外，期間為將多種新技術融合進戰機設計之中也是重要的原因，這些新技術為戰機帶來了遠超同時代其他戰機的技術優勢，使其在空中的靈敏性、速度和低可探測性能達到戰鬥機開發的新高度。雖然不是一款純粹追求最大限度低可探測性能的先進戰鬥機，但「猛禽」亦在其進攻和防禦作戰方面，充分利用了低可探測性技術賦予的優勢。

在遂行進攻性空優作戰時，F-22戰機非常小的雷達反射截面使其能夠在不被目標覺察的前提下，靠近目標並突然發起致命攻擊，或從敵方防空體系中滲透進其後方打擊特定的空、地目標。在防禦作戰時，「猛禽」戰鬥機的低紅外輻射、低雷達反射截面的特性，使得敵方戰機或飛彈更難以發現並對其進行有效攻擊。

左圖：一架F-22戰鬥機在進行訓練，圖中戰機在空中轉向，露出主負載艙兩側的側負載艙，兩艙各可容納1枚AIM-9「響尾蛇」近程空對空飛彈。在平時訓練飛行時，有時為便於地面監視雷達獲取戰機位置等信息，常要求戰機飛行員在空中打開側負載艙的艙門，以便增大戰機的雷達反射截面，由此亦可看出其卓越的低可探測性能。

在氣動外形設計上，F-22「猛禽」戰鬥機的機體形狀是其具備低可探測性能的重要因素，機體各部分表面幾乎不存在增加雷達波反射的鋒銳夾角，機翼與機體採用融合式設計，兩片較大的尾翼採用V形設計，引擎進氣口也採用隱形設計，所有武器系統盡可能採用內置掛載模式；外此，戰機引擎尾噴口的熱輻射在排放前也經過預處理，並由尾翼進行遮掩，極大地減少了紅外輻射的量級。除外形和結構的低可探測設計外，F-22在製造完成後還在機體表面塗敷了高性能的隱形吸波塗料。

F-22戰鬥機的引擎堪稱當代航空發動機設計史上的奇蹟，其產生的強大推力即便在不打開加力燃燒的條件下，仍能使「猛禽」戰鬥機具備超音速巡航的能力，這也使得「猛禽」在保持高速機動性的同時，極大地降低油料消耗和引擎紅外信號輻射。在戰機推重比方面，「猛禽」戰鬥機達到1.1：1，略低於F-15的1.2：1，但仍具備極高的敏捷性和高爬升率；更重要的是，「猛禽」戰鬥機的引擎尾噴管具有轉動能力，這一矢量推力的特性亦賦予它超機動的性能，能夠完成其他空優戰鬥機無法完成的機動動作。

在對方防空體系被徹底癱瘓、對己方戰機的威脅大為減少的情況下，F-22也能在不考慮機身隱形效果的同時攜帶更多的武器負載，這時就需要利用其主翼下的4個可拆卸式外掛架，使用時將這些模塊化掛架安裝到機翼下，即可實現掛載額外的負載。在全部利用的前提下，每側主翼下共可掛載2270千克（5000磅）的負載，質量和尺寸較大的負載如副油箱等，通常掛載在靠近機體的內側掛架上。同時為實現F-22戰機遂行任務時具有更大的靈活性，這些可拆卸式掛架在飛行中也可隨時拋棄，以便保持機體的隱形特性。這樣的設計可最大限度地發揮「猛禽」戰機的隱形性能，比如在執行遠程空優作戰任務時，

下圖：圖中F-22戰鬥機的側視圖顯示了其機腹主負載艙和一側的側負載艙艙門處於打開狀態，後者內部容納有一枚AIM-9「響尾蛇」近程紅外空對空飛彈。如果戰機外部也搭載了各類負載，在使用時可優先使用外部彈藥，耗盡其外部負載後將重新使「猛禽」獲得隱形能力。

可掛載多個副油箱，在接近敵方空域後將副油箱和機翼掛架一同拋棄，如此實現隱形接敵、交戰。

在機體控制系統方面，F-22雖然仍採用傳統的自動化武器系統與手置節流閥與操縱桿(HOTAS)的設計，飛行員只需使用節流閥桿和操縱桿上的按鈕，就可以有效地進行空戰，但其全電子式飛行控制界面和航電系統仍非常先進和複雜。飛行員座艙不像以往戰鬥機那樣充滿各類旋鈕和按鍵以及指針式儀表盤，而是由數塊LED液晶顯示屏綜合顯示各種飛行信息和情報。機體所搭載的通信系統、雷達等傳感設備也非常先進，其機載雷達為AN/APG-77A電子掃瞄相控雷達，它採用了低截獲概率（LPI）技術，通過採用包括經過特殊調製的雷達波形在內的多種措施，減少雷達性能參數被敵方信號收集裝置獲取的可能性。同時，其雷達除具備多目標交戰能力外，還具備非協作式目標識別功能，能夠利用其噴氣引擎調製（JEM）能力在目標不察覺的前提下，獲取目標的類型、性質等信息。噴氣引擎調製（JEM）技術主要是利用目標飛行器上的運動部件實現目標識別，這些運動部件主要是其推進系統，比如噴氣引擎前端高速旋轉的渦輪葉片，由於其旋轉性質較有規律，在反射雷達信號時也會形成規律回波。而且，考慮到大多數軍用和民用固定翼飛機的推進系統都具有各自的特徵，即不同機型裝備著特定的引擎，如能通過引擎旋轉部件反射回的信號提取出引擎的關鍵特性，如葉片數量、轉速等信息，就可將其用於目標識別。此外，「猛禽」戰鬥機的電子系統還具備網絡作戰能力，能夠與其他戰機，如F-15、F-16等的電子系統共享或交換信息，甚至利用其雷達獲得的目標信息為後者指示目標，從某種意義上看，由F-22為首組成的混編機群，即使在沒有空中預警機的支持下，也能發揮很高的空優作戰效能，因為F-22就相當於一架小型預警機。

與以往戰鬥機相比，F-22所享有的技術優勢是令人歎服的，甚至達到了雖然問世近十年，但在現實世界中仍鮮有敵手的地步。二〇〇六年美國空軍舉行的一次F-22與F-15、F-16戰機的檢驗性對抗演習中，少數幾架F-22戰鬥機完全地發揮出其新一代戰機的諸多特性，在空中連續擊落了比它們數量多得多的F-15和F-16戰機。模擬交戰期間，F-22戰機憑藉其優異的引擎性能，更早地到達高空利用其雷達從對抗一開始就占據了主動，在發現目標並在其到達機載AIM-120飛彈射程後立即連續對目標實施發射，此時成為目標的F-15、F-16戰

機身主負載艙

F-22「猛禽」戰鬥機在設計時注重其隱形性能，因此其掛載武器一改以往掛載在機體外的做法，全部隱藏於機體內部的主負載艙中，發射艙內的武器時，艙門打開完成武器投放再自動關閉，整個過程更在短短1秒內完成。以這種方式搭載武器使其得以保持良好的隱形性能，但武器掛載量也受到影響。

機體側負載艙

為提升F-22「猛禽」戰鬥機武器負載能力，設計人員特別利用機體主負載艙兩側的閒置空間，設計了兩個側負載艙，其內部各可搭載1枚小型的空對空飛彈。目前僅有AIM-9「響尾蛇」空對空飛彈能夠裝入其內。除各類飛彈外，F-22戰鬥機也未放棄傳統的機砲武器，它配備1門M61型20毫米「火神」機砲，為減少機體表面開口對雷達波的反射，不發射時機砲艙處於全封閉狀態。

主翼下負載掛架

為增加戰機的任務彈性，F-22戰鬥機每側主翼下也各設計有兩套可拆卸的外部負載掛架，可以搭載副油箱或空對空飛彈，當然，如果利用主翼下掛架將會以犧牲戰機整體的隱形性能為代價。在翼下掛載副油箱時，掛載油箱的掛架肩部兩側也可各掛載1枚空對空飛彈。

機仍未發現他們的目標。雖然說只有真正的實戰才能說明問題，但令人鼓舞的演習結果也表明F-22在與現有戰鬥機對抗時所享有的巨大優勢。

由於F-22「猛禽」戰鬥機過於先進、尖端和複雜，以至於美國國會為保證美國的技術優勢立法禁止了這種戰鬥機及相關技術的任何輸出。為了拯救因國內訂單減少而幾近崩潰的戰機生產線，生產公司專門設計了出口型F-22戰機，在數項關鍵技術和性能指標上也進行了弱化處理，以便在未來的某一時間獲得出口許可。也正因如此，不少潛在希望購買「猛禽」的國家不得不將目光投向另一種F-35多用途戰鬥機。可以預期，F-22戰機未來可能出現的另一種改型就是和F-15E攻擊型戰機相似的戰鬥/攻擊型號，或者由海軍使用的艦載型號，前者將設計有尺寸更大的主翼，能夠搭載更重的負載，而後者則會對上艦使用進行相關修改，比如可折疊式主翼、加強的起降架系統等。無論如何，憑藉著令人印象深刻的先進性能，未來將可能出現以F-22「猛禽」戰鬥機為基礎的更多、更具革命性的應用。

空優戰鬥機所努力爭奪和維護的制空權無論何時都是非常珍貴的，事實上，在未來戰爭中將敵方高端空優戰鬥機和防空系統徹底壓制，為己方其他戰機順利執行任務提供舞臺和機會，仍非常重要。也許「猛禽」無力與F-15E「攻擊鷹」、A-10「雷電」這類攻擊機競爭攻擊機的角色，但無論如何，它仍有可能在制空領域始終保持著不可或缺的地位和角色。

洛克希德·馬丁F-22「猛禽」戰鬥機

類　型：單座戰鬥機

發動機：2臺普拉特·惠特尼公司生產的矢量推力的F119-PW-100渦扇發動機

性　能：11000米高度飛行速度2馬赫以上

重　量：空重13608千克；最大起飛重量27216千克

尺　寸：翼展13.56米；機身長18.92米；高5.00米

武　器：標準的M61A2型20毫米6管轉膛式「火神」機砲，備彈量筒80發。機腹主負載艙可掛載2枚AIM-120「阿姆拉姆」中、遠程空對空飛彈，外加2枚450千克（1000磅）GPS制導炸彈或8枚115千克（250磅）小直徑炸彈，如果全部搭載空對空武器，主負載艙共可容納6枚AIM-120中、遠程空對空飛彈；主負載艙兩側的側負載艙則各可容納1枚AIM-9「響尾蛇」近程空對空飛彈

麥克唐納·道格拉斯／英國宇航「鷂」II

英國宇航和麥克唐納·道格拉斯公司研製的短距起飛和垂直降落（STOVL）型飛機——「鷂」，是現代戰場上必不可少的進攻型對地支援飛機。作為二戰後出現的最重要、最具革命性的飛機之一，「鷂」式戰術戰鬥轟炸機的研製始於一九五七年，使用的BS53「飛馬」發動機是由霍克飛機公司和布里斯托航空發動機公司聯合研製的，另外美國也提供了部分資金。這種發動機的特點是有兩對可旋轉的噴嘴，其中一對為飛機提供升力。英國航空部在一九五九年至一九六〇年訂購了兩架原型機和4架發展型，代號P.1127。第一架原型機於一九六〇年十月二十一日由鋼索懸吊進行系留懸停試驗，一九六一年三月十三日開始進行常規飛行測試。一九六二年，英國、美國和原聯邦德國宣布共同投資研製9架P.1127的發展型「茶隼」（Kestrel）。一九六五年，三方共同組建的測試中隊開始在英國皇家空軍維斯特萊哈姆空軍基地對「茶隼」進行評估。6架飛機被運至美國，做進一步測試。英國皇家空軍訂購的「鷂」GR.Mk.1是單座近地支援和戰術偵察型，首批77架的第一架於一九六七年十二月二十八日首飛。一九六九年四月一日，「鷂」進入英國皇家空軍維杜林空軍基地的「鷂」作戰轉換中隊服役；後來裝備維杜林空軍基地的第1中隊和德國第3、第4和第20中隊。

下圖：冷戰結束後，「鷂」的主要任務是配合航母作戰。圖中是英國航空母艦上的英國皇家空軍和皇家海軍的「鷂」聯合部隊。

儘管是英國人最先研發「鷂」，但要求研製升級版AV-8A的卻是美國海軍陸戰隊。「鷂」的機身設計、製造和系統都是五〇年代的技術，儘管其系統經過升級，但是到了七〇年代，其潛力開發顯然受限。在美國海軍陸戰隊的新型「鷂」式飛機研發中，「鷂」的基本設計理念得到了保留，技術和航電設備則是全新的。其中一項重大改進之處是機翼，採用碳纖維複合材料製造，超臨界翼型，翼展和機翼面積也增大了。機翼有較大的開縫襟翼，在短距起飛時，通過與噴嘴偏轉相配合，可以有效提高控制精度和增加升力。為了增加飛機的空戰機動性能，還安裝了翼根前緣邊條（LERX）以提高轉彎速率，在

上圖：一架美國海軍陸戰隊的AV-8B戰機準備在「硫磺島」號兩棲攻擊艦上垂直著艦，對於兩棲攻擊艦這類飛行甲板有限的水面艦隻，AV-8B或「鷂」式是非常理想的艦載機，它們不僅起飛方便，而且以垂直方式著艦，也比其他高速飛行艦載機利用阻攔索等設備著艦要安全和簡單得多。

下圖：美國海軍陸戰隊的AV-8B戰機從「巴丹」號兩棲攻擊艦上以常規方式起飛。儘管AV-8B具備垂直起降的能力，但這非常消耗燃油並極大地限制了戰機的負載能力，因此如無特別需要它通常採用常規滑跑或短距起飛的模式。

麥克唐納·道格拉斯/英國宇航AV−8B「鷂」II

類　型：單座垂直/短距起降近地支援機

發動機：1臺勞斯萊斯公司生產的推力10796千克的F402-RR-408矢量推力渦扇發動機

性　能：海平面最大飛行速度1065千米/小時；升限15240米；攜帶2722千克載荷飛行時作戰半徑277千米

重　量：空重5936千克；最大起飛重量14060千克

尺　寸：翼展9.25米；機身長14.12米；高3.55米；機翼面積21.37平方米

武　器：1門25毫米GAU-12A機砲；6個外掛點，短距起飛時可攜帶7711千克彈藥，垂直起飛時3175千克

與其他西方戰術飛機有所不同，AV-8B的箔條/紅外曳光彈發射器位於機身後部沖壓空氣進氣口的上方。

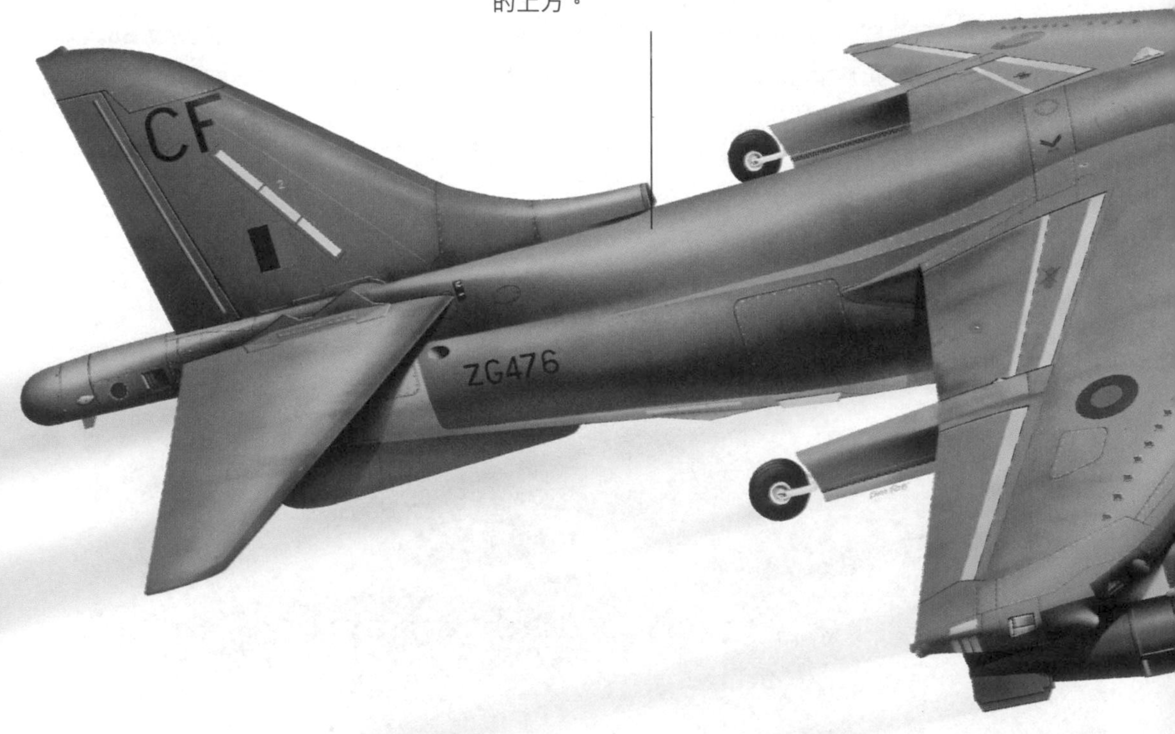

右圖：一個裝填著數十枚70毫米無制導火箭的火箭巢，正由地勤人員掛載在美國海軍陸戰隊的F/A-18「大黃蜂」戰機機翼下。對於近距離空中支援任務來說，火箭是最常用也是最好用的武器之一，它能使單架戰機對多個目標實施攻擊，或者對敵方區域性目標實施連續猛烈的火力突擊。

翼根前緣邊條（LERX）可以提高角速度，增強「鷂」的空戰敏捷性，機身下方和機砲吊艙上安裝了縱向圍欄（LIDS，增升裝置），有助於垂直起降時利用地面反射的氣流，產生更大的氣墊，減少高溫氣體的往復循環。

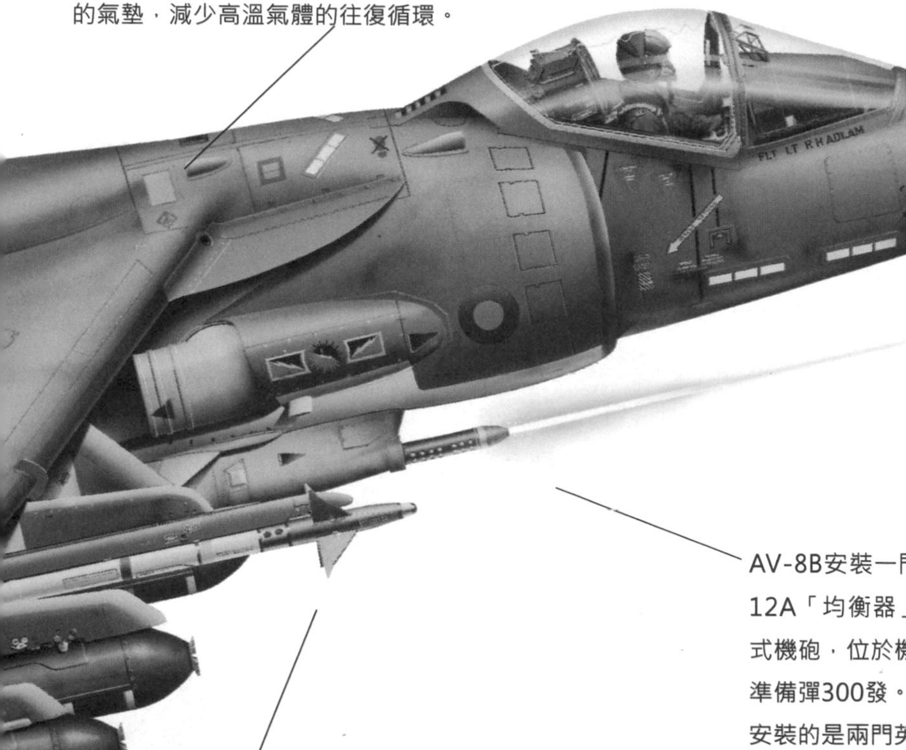

AV-8B安裝一門通用電氣GAU-12A「均衡器」5管「加特林」式機砲，位於機身下方吊艙，標準備彈300發。但是GR.7機身下安裝的是兩門英國皇家兵工廠生產的25毫米「阿登」機砲。

這架編號ZG476的飛機是第4中隊的「鷂」GR.Mk.7。第4中隊是裝備「鷂」GR.7的兩個中隊之一，基地位於德國高特斯洛。一九九九年該中隊輪換到英國科斯特莫爾。

上圖：採用沙漠塗裝的美國海軍陸戰隊AV-8B。照片中可以清晰地看到「鷂」較高的座艙，有助於改善飛行員視野。注意機翼的翼根前緣邊條。

機身下方和機砲吊艙上安裝了縱向圍欄（LIDS，增升裝置）。

一九七八年十一月，YAV-8B「鷂」II原型機首飛；一九八一年十一月第一種發展型首飛；一九八三年生產型開始交付美國海軍陸戰隊使用。一九八四年一月十六日，第一架生產型AV-8B交付北卡羅來納州切裡波因特航空站的VMAT-203訓練中隊，4天後該架飛機進行了驗收飛行。一九八五年春天VMAT-203訓練中隊開始訓練AV-8B專職飛行員，到一九八六年底，共有170人完成了改裝訓練。完成訓練的飛行員被分配到第32海軍陸戰隊航空大隊（MOC），一九八五年初第一支裝備12架「鷂」II的戰術中隊（VMA-331）具備初始作戰能力（IOC）。一九八六年七月第二支裝備15架「鷂」II的戰術中隊（VMA-231）具備初始作戰能力。一九八六年底第三支作戰中隊（VMA-457）也具備了初始作戰能力。一九八六年八月，西海岸的VMA-513成為第四支裝備「鷂」II的中隊，這也是海軍陸戰隊的最後一支AV-8A中隊。

一九八七年英國皇家空軍開始接收與AV-8A基本相同的「鷂」GR5；後來GR5被改進到GR7的標準。GR7類似於美國海軍陸戰隊的夜間攻擊型AV-8B，安裝有前視紅外系統（FLIR）、數字移動地圖顯示器、飛行員夜視儀和改進型平視顯示器。西班牙海軍也裝備了AV-8B，一九八七年十月開始接收。一九九六年剩餘的早期型AV-8A出售給了泰國。

右圖：海軍陸戰隊VWA-331中隊的AV-8B「鷂」II在沙漠試驗靶場上空投擲炸彈。「鷂」特有的垂直/短距起降（V/STOL）能力，意味著它能夠在接收地面部隊呼叫後的幾分鐘內執行對地支援任務。

麥克唐納·道格拉斯 F-15「鷹」

一九六五年，美國空軍和美國多家飛機製造商開始探討研製一種代替F-4「鬼怪」的戰鬥機及其機載系統的可行性。四年後麥克唐納·道格拉斯公司被選為主承包商，這種新型戰鬥機被稱為FX，即後來的F-15A「鷹」。一九七二年七月二十七日，F-15A首飛。一九七五年，第一批作戰飛機交付美國空軍。尤其是蘇聯米格-25「狐蝠」截擊機出現後，該計畫的緊迫性大大加強。米格-25的研製初衷是為了應對美國新一代戰略轟炸機（如北美XB-70「瓦爾基裡」，該計畫後來被取消）的威脅。

F-15B串聯雙座型與F-15A是同時研製的，F-15C是主要生產型。F-15E「攻擊鷹」是專門的攻擊型，F-15C則用於建立和維持空中優勢。一九九一年海灣戰爭中，F-15E參加了前線精確轟炸任務。日本根據許可證生產的F-15C稱為F-15J。提供給以色列的F-15E稱為F-15I，提供給沙烏地阿拉伯的F-15E稱為F-15S。美國空軍共裝備過1286架F-15，日本171架，沙烏地阿拉伯98架，以色列56架。F-15參加過多次實戰，如一九九一年的海灣戰爭。八〇年代以色列空軍駕駛F-15在貝卡谷地與敘利亞空軍交戰。

簡而言之，在可預見的未來，F-15「鷹」的性能遠超過它可能遇到的對手——無論是超視距（BVR）空戰，還是近距離纏鬥。為了達到這一目標，F-15的設計有很多創新之處。例如，

下圖：冷戰時，第57戰鬥截擊機中隊部署於冰島，一九八五年該中隊的F-4「鬼怪」被F-15「鷹」代替。圖中是該中隊的兩架F-15C正在攔截一架蘇聯圖-95「熊」。

上圖：F-15戰鬥機由於外部掛載點較少，只得充分利用已有負載掛架，如圖中地勤人員將空對空飛彈掛載在其機翼下掛架一側，與之相比，之後開發的戰鬥機擁有更多的硬掛載點。

F-15的機翼有一個錐形彎度，翼型達到了最優化，以降低高速飛行時的阻力。翼弦的最後20%經過加厚，以延緩附面層分離，從而降低阻力。水平尾翼做成平板狀，有利於增強機動性。兩塊水平尾翼可獨立操縱，與副翼相配合，實現平面控制和俯仰控制。它們可以極大地補償大攻角飛行時的副翼失效，這在近距離格鬥時非常重要。飛機的雙垂尾位置也很講究，將渦流引離機翼，保持大攻角飛行時的方向穩定性。F-15C是截擊型，翼載僅有25千克/平方米，再加上兩臺普拉特·惠特尼公司生產的推力10779千克的F-100-PW-220渦扇發動機，因此具有出色的轉彎性能，作戰時的推重比可達1.3：1。較高的推重比使F-15在183米長的跑道上僅用6秒鐘的時間就能拉起；在飛行員要脫離交戰時，超過2.5馬赫的最高速度可以使他有足夠的餘地擺脫糾纏。

為了提高生存能力，「鷹」的結構上具有足夠的冗余度，例如，當1個垂尾或3個翼梁中的1個斷裂時，飛機仍不會墜毀。F-15的兩臺發動機也有冗余度，燃油系統具有自動密封性能，可以阻止起火和爆炸。

F-15的主要武器是AIM-7F「麻雀」雷達制導空對空飛彈，射程達35英里。「鷹」可以攜帶4枚「麻雀」飛彈，另外還可攜帶4枚AIM-9L「響尾蛇」飛彈

從尾部標識可以看出，這是第33戰鬥機聯隊第58戰術戰鬥機中隊的一架F-15C。在海灣戰爭中，該中隊的4架F-15C擊落了16架敵機。最著名的飛行員當屬瑞克·帕森斯上校和安東尼·R. 墨菲上尉。

F-15E可以安裝戰術燃料與探測器（FAST）套裝，即現在所謂的保形油箱（CFT），安裝於機身側面，兩側進氣道外側各一個。CFT除了可以攜帶額外的燃料，還可以攜帶探測器，如偵察相機、紅外設備、雷達告警接收器和干擾發射器。

與F-15A安裝的電子設備相比，F-15C/E的電子設備有大幅提高，AN/APG-70雷達加裝了可編程的信號處理器（PSP），這是一種高速專用型電腦，通過硬連線電路控制雷達模式。可以實現不同雷達模式間的快速切換，使作戰靈活性最大化。

從徽章可以看出，這架F-15E「攻擊鷹」隸屬第48戰鬥機聯隊，基地位於英國萊肯希思（代號LN）。第48戰鬥機聯隊以前裝備的是F-111F，該聯隊還派出F-15E參加過中東和前南斯拉夫地區的多國維和部隊。

F-15的一大特點是機翼面積很大，翼載因此相對較低。與蘇-24和「狂風」等專門的對地攻擊機比，F-15E的低空飛行操控性較差，但它保留了出色的空對空作戰性能，因此遭受攻擊時自衛能力超強。

上圖：F-15E「攻擊鷹」是在F-15的基礎設計上發展而來的，既具有無可比擬的空對空性能，又具有出色的空對地性能。F-15E在一九九一年的「沙漠風暴」行動中首次參戰。

做較近距離的攔射、1門通用電氣20毫米M61轉管機砲用於近距離格鬥。機砲安裝於右側機翼根部，通過安裝在機身內部的彈鼓供彈，備彈940發。F-15安裝的休斯AN/APG-70多普勒空對空雷達具有良好的下視功能，具有多種模式，能夠發現185千米外的目標，在突襲評估模式下，可以將敵機密集編隊分成單個目標，使F-15飛行員占有戰術優勢。

在基本搜索模式下，當雷達探測到目標後，飛行員只需使用操縱桿上的選擇器將雷達回波括入，就可以鎖定和跟蹤目標。已鎖定的雷達將會顯示出攻擊信息，如目標接近速度、距離、方向、高度間隔和其他管理F-15武器發射的相關參數。當目標進入F-15的武器殺傷範圍時，飛行員可以決定通過下視虛擬態勢顯示器（同步顯示戰術態勢）攻擊目標，還是通過平視顯示器進行目視攻擊。

F-15E「攻擊鷹」是F-15的後期發展型，也是麥克唐納·道格拉斯公司的一次冒險。原型機首飛於一九八二年。「攻擊鷹」有兩名機組成員，前座是飛行員，後座是武器和防禦系統操作員。安裝了必要的航電設備，因此占用了一個機身油箱的位置。安裝了更為經濟和可靠的發動機，而不需要對機身進行改造。機身和起落架進行了加固，可以攜帶更多的武器。在海灣戰爭中，F-15E被用於前線精確轟炸。

麥克唐納·道格拉斯F-15E「攻擊鷹」

類　型：雙座攻擊機和空優戰鬥機
發動機：兩臺普拉特·惠特尼公司生產的推力10779千克的F100-PW-220渦扇發動機
性　能：高空最大飛行速度2655千米/小時；升限18300米；攜帶保形油箱時航程5745千米
重　量：空重14375千克；最大起飛重量36733千克
尺　寸：翼展13.05米；機身長19.43米；高5.63米；機翼面積56.48平方米
武　器：1門通用電氣公司生產的M61A1多管機砲；4枚AIM-7或AIM-120空對空飛彈和4枚AIM-9空對空飛彈；機翼下可攜帶多種彈藥

米高揚・格列維奇
米格－21「魚窩」

米格-21是朝鮮戰爭的產物。根據朝鮮空戰經驗，蘇聯認為自己需要一種輕型單座防空截擊機，而且要具有很高的超音速機動性。共定制了兩架原型機，均於一九五六年完工。其中一架代號「面板」，機翼後掠角極大，但是沒有得到進一步發展。另一種的前兩種生產型（「魚窩」-A和「魚窩」-B）只進行了少量生產，這兩種早期生產型是短程晝間戰鬥機，安裝兩門30毫米NR-30機砲；而下一型號米格-21F（「魚窩」-C）可以攜帶兩枚K-13「環礁」紅外跟蹤空對空飛彈，換裝了改進型圖曼斯基R-11渦噴發動機，航電設備也進行了改進。米格-21F是第一種批量生產型，一九六〇年開始服役，之後進行了逐步改進和升級。七〇年代初，重新設計過的米格-21誕生，稱為米格-21B（「魚窩」-L），是一種多用途空優戰鬥機和對地攻擊機。「魚窩」-N出現於一九七一年，使用了全新的先進製造技術，載油量增加，航電設備也得以升級，以實現空戰和對地攻擊的多用途。米格-21是世界上使用範圍最廣的戰鬥機，裝備了25個蘇聯盟國的空軍，印度、原捷克斯洛伐克還得到了自行生產的許可證。米格-21U是雙座型，北約給其的代號是「蒙古人」。

在越戰中，米格-21是美國最致命的對手。米格飛行員攔截北越上空的美國飛機的戰術通常是，先低飛，而後爬升，攻擊F-105「雷公」等滿載炸彈的戰鬥轟炸機，迫使這些飛機為了逃生而提前丟下炸彈。為了應對這一戰術，通常派攜帶「響尾蛇」空對空飛彈的「鬼怪」進行護航，「鬼怪」飛行高度低於F-105，可以提前發現試圖進行攔截的米格飛機，利用「鬼怪」出色的速度和

下圖：第二代米格-21，如圖中原捷克斯洛伐克空軍的該型機，具有更強大的火力和更複雜的航電設備。所有的米格-21都有空速管、吹氣襟翼、兩片式座艙和寬弦垂尾。

圖中這架米格-21M隸屬於羅馬尼亞空軍，使用該型機的部隊有兩支：巴考的第95飛行群和菲泰斯蒂的第86飛行群。羅馬尼亞空軍的米格-21M是一九七五年以後生產的，是最現代化的「新版」。

加速性能擊落敵機。這非常像「打完就跑」的戰術，「鬼怪」飛行員空戰時會盡量避免轉彎，因為米格-21的轉彎性能更出色。EC-121電子監視飛機的早期預警設備能夠較早發現米格機，因此「鬼怪」能夠及時衝向米格飛機。一九六六年，美國戰鬥機擊落了23架米格飛機，自身損失9架。

米格-17和米格-21都不是夜間戰鬥機，但是它們經常參加夜間作戰，特別是一九七二年美國對北越發起夜間轟炸戰役時。美國海軍飛行員R. E·塔克上尉回憶道：「一九七二年，海軍的A-6對海防和河內之間的地區進行了大量單架次低空夜間攻擊，知道有米格飛機升空，A-6的飛行員就會很緊張（雖然我個人認為米格飛機沒有夜視/紅外設備，無法攻擊300英尺高度飛行的A-6）。因此，夜間作戰時海軍會派出F-4在海岸線附近執行米格空中戰鬥巡邏（MIGCAP）。我們知道，夜間作戰時，一架米格不是一架F-4的對手。如果一架米格升空並飛向A-6，F-4就會擊落這架米格。因此，當F-4距離米格25~30英里時，米格會選擇返航。有的飛行員並不看好夜間的MIGCAP任務，但是我卻認為這是一個絕好的機會，我擊落的米格數量證明了這一點。我認為米格在夜間對任何人都構不成威脅，它只有性能有限的武器系統和『環礁』/機砲，相反，當F-4發現並接近米格時，卻能夠輕鬆地進行迎面或追尾攻擊。」當時塔克是一名中尉指揮官，是美國「薩拉托加」航空母艦上VF-104中隊的F-4「鬼怪」飛行員，在一九七二年八月十日至十一日的夜間擊落了一架米格-21。「鬼怪」攜帶兩枚AIM-7E「麻雀」和兩枚AIM-9D「響尾蛇」空對空飛彈。在他的雷達官布魯斯·埃登斯的指引下，他在兩英里外發射了兩枚「麻雀」，當第二枚飛彈發射時，第一枚飛彈擊中目標並爆炸。「出現了一個大火球，」塔克說，「第二枚飛彈再次擊中。我稍微右轉，以免被殘骸擊中。雷達顯示目標在空中

米格-21MF「魚窩」-J

類　型：單座多用途戰鬥機

發動機：1臺圖曼斯基設計局製造的推力7500千克的R-13-300渦噴發動機

性　能：11000米高度最大飛行速度2229千米/小時；升限17500米；攜帶副油箱時航程1160千米

重　量：空重5200千克；最大起飛重量10400千克

尺　寸：翼展7.15米；機身長15.76米；高4.10米；機翼面積23.00平方米

武　器：機身下安裝1門23毫米GSh-23L機砲；4個機翼掛架可攜帶1500千克載荷，包括空對空飛彈、火箭彈吊艙、凝固汽油彈和副油箱

兩個前向減速板在液壓撞桿的推動下，向外、向下對角展開，以降低飛機的速度。第3個減速板位於機尾。減速板的展開對飛機的平衡幾乎沒有影響。後部的減速板位於機身中線，採用了蜂窩狀結構；與前方的兩個減速板一樣，它也是在液壓千斤頂的推動下，迎著氣流方向張開。

停住了，1~2秒後雷達脫鎖。米格-21飛行員喪生。如果他是在第一枚飛彈擊中後彈射，那麼第二枚飛彈有可能擊中的是他。黑暗中我們看不到殘骸……三天後戰果得到了確認。」

作為二戰後使用範圍最廣泛的戰機，米格-21留名青史。在設計這種飛機時，米高揚將三角翼和後掠尾翼集合起來，使飛機輕盈而敏捷。

這架米格-21MF隸屬印度空軍第7中隊（「戰斧」中隊），米格-21MF是印度米格機群的重要力量。印度空軍的大部分米格-21都被達梭公司的「幻影」2000取代了。

進氣道中央的圓錐體安裝在滑軌上，通過液壓推動，可在三個位置間移動：正常情況時是收縮狀態，1.5馬赫時部分伸出，1.9馬赫時完全伸出。圓錐體內安裝有R2L「松鴉」雷達。

印度的米格-21MF可以攜帶各種武器，說明了它的多功能性。在空戰時，印度空軍使用蘇制K-13A「環礁」和R-60「蚜蟲」飛彈，以及圖中的法制馬特拉R550「魔術」。大部分米格-21戰鬥機都安裝了GSh-23L機砲，這是一種雙管23毫米口徑機砲，安裝於機身下方。

米高揚米格－25「狐蝠」

上圖:從這張照片可以看出，米格-25樸實無華，這架「狐蝠」已經成為博物館展品。米格-25是為了對抗美國的超音速轟炸機而匆忙設計出來的，但是它的美國對手只停留在紙面上。

米格-25原型機首飛於一九六四年，速度達3馬赫，實用升限21350米，明顯是為了對抗北美B-70轟炸機計畫。B-70計畫取消了，「狐蝠」只能獨自探索。一九七〇年被稱為米格-25P（「狐蝠」-A）的截擊機服役，它的任務也轉為對抗所有的空中目標，在任何天氣條件下、無論白天與黑夜、在敵方高強度電子干擾環境中。米格-25進行了大量裝備，構成蘇聯S-155P飛彈截擊機系統的一部分。這種飛機是由位於莫斯科的米格飛機公司（RAC MiG），即以前的米格和莫斯科飛機聯合生產企業（MAPO-MiG），以及位於下諾夫哥羅的索克爾飛機製造廠聯合股份公司生產的。米格-25的改型還服役於烏克蘭、哈薩克、亞塞拜然、印度、伊拉克、阿爾及利亞、敘利亞和利比亞。

米格-25P是一種雙垂尾、上單翼飛機，機翼後掠角較小，水平尾翼傾角可變。為了提高飛機的縱向穩定性，防止大攻角和超音速飛行時發動機熄火，每個機翼的上翼面都安裝有低矮的柵欄。採用上單翼佈局和兩側進氣道，可以減少翼身結合處造成的氣動效率損失。

米格-25可以攜帶4枚安裝有紅外或雷達跟蹤彈頭的R-40（北約代號「毒辣」）空對空飛彈。這些飛彈安裝於飛機的翼下掛架。米格-25P可以攜帶兩枚R-40和4枚R-60（AA-8「蚜蟲」）飛彈，或者兩枚R-23（AA-7「尖頂」）和4枚R-73（AA-11「射手」）飛彈。米格-25沒有安裝機砲。電子設備包括法佐特隆研究與生產公司的「斯莫奇」-A2雷達瞄準器（北約代號「狐火」）、敵我識別（IFF）應答器、用於與主動無線電定位模式導航與降落雷達通信的飛機應答器、雷達告警接收器。飛行控制與導航

兩個翼尖吊艙都是直徑30公分的金屬管，其中一部分填充了重金屬，用於配重，減輕高速飛行時的機翼震動；另外部分用於安裝航電設備。每個吊艙內都安裝有「賽麗娜」3告警接收器，用於警戒飛機左右兩側的區域。

寬闊的機身下安裝了兩個腹鰭，相隔距離較遠。每個腹鰭都有絕緣區域，以便於電子對抗設備的接收器和干擾器、超高頻（VHF）無線電通信的工作。右側腹鰭安裝了可收放的鋼製腹鰭保險槓。

米格-25攜帶的標準空對空飛彈是AA-6「毒辣」系列。AA-6是世界上最大的空對空飛彈，有兩個版本，一種是紅外跟蹤，一種是半主動雷達跟蹤（SARH）。SARH飛彈安裝於外側掛架下，依靠目標反射回來的雷達信號制導；圓頭的紅外跟蹤飛彈安裝於內側掛架下。

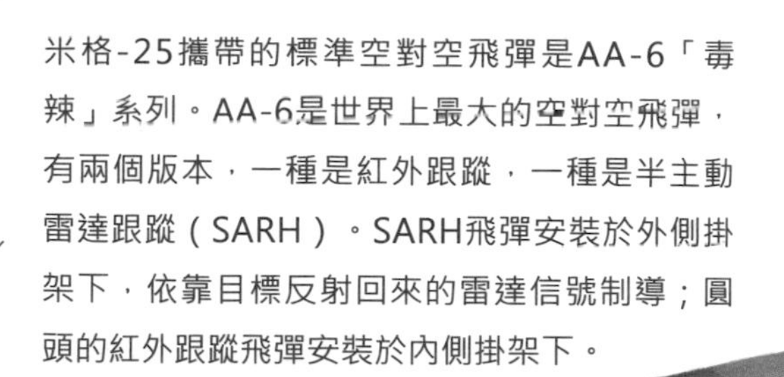

米格-25P巨大的主雷達，北約給它的代號是「狐火」，是典型的一九五九年的技術設備。它使用的是熱離子管（真空管），輸出功率達600千瓦，可以穿透敵人的干擾。雷達罩頂端是一根鋼管，安裝有空速管/靜電系統（消除靜電）、SP-50「快桿」儀表著陸系統（ILS）、空中和間距/偏航傳感器（反饋給大氣數據系統）。

設備包括ARK-10自動無線電羅盤、RV-4無線電高度計和「波利特」-11導航與降落系統。這種導航與降落系統與地面無線電導航臺和降落無線電導航臺結合，能夠使飛機實現程式化的機動，例如爬升、航線飛行、返回起飛機場或3個緊急備用機場、燃油用盡時的迫降和復飛等。

米格-25在機身尾部安裝了兩臺圖曼斯基R-15B-300單軸渦噴發動機。主要通過位於座艙和發動機艙之間的焊接油箱供油，油箱占去了機身近70%的空間，發動機進氣道附近安裝有鞍形油箱，兩個機翼安裝有整體式油箱，幾乎占據了外部柵欄內的所有空間。一九九一年海灣戰爭期間，一架米格-25成為整個戰爭期間伊拉克唯一一架取得空戰勝利的飛機，它擊落了一架F/A-18「大黃蜂」。在米格-25僅有的幾次交戰中，它們能夠逃脫F-15「鷹」及其攜帶的AIM-7空對空飛彈的攻擊。

米格-25R、米格-25RB和米格-25BM都是米格-25P的衍生型號。如其後綴所代表的涵義，米格-25R是偵察機，而米格-25RB則具有對目標進行高空轟炸的能力。米格-25RB安裝有偵察設備、航空相機、地形航空相機、轟炸目標所需要的「皮騰」瞄準與導航系統以及電子對抗設備（包括主動干擾和電子偵察系統）。米格-25BM可以用制導武器攻擊地面目標，可以擊毀面積目標、協同單位獲知的目標和敵方雷達。它的主要反雷達武器是Kh-58（AS-11「短裙」）飛彈，這種飛彈是由莫斯科的拉杜加設計局研製生產的。

前線航空兵的米格-25截擊機逐漸被更為先進的米格-31取代。代號Ye-155MP的米格-31（北約代號「獵狐犬」）於一九七五年九月十六日首飛，最初稱為米格-25MP，並於一九七五年投產。一九八二年第一支裝備米格-31的部隊形成戰鬥力，取代了米格-23和蘇-15。

米格–25P「狐蝠」–A

類　型：單座截擊機
發動機：兩臺圖曼斯基設計局製造的推力10200千克的R-15B-300渦噴發動機
性　能：高空最大飛行速度2974千米/小時；升限24383米；作戰半徑1130千米
重　量：空重20000千克；最大起飛重量37425千克
尺　寸：翼展14.02米；機身長23.82米；高6.10米；機翼面積61.40平方米
武　器：4個機翼掛架，可攜帶各種空對空飛彈組合

米高揚米格－29「支點」

上圖：聯邦德國空軍從原民主德國繼承了一定數量的米格-29，圖中這兩架是狀態最好的，隸屬拉格空軍基地第73戰鬥機聯隊第731中隊。

米格-29於二十世紀八〇年代初露面，敏捷性出眾，似乎任何一種西方戰機的機動性都無法與它抗衡，這令北約非常吃驚和不悅。正如F-15是專門對抗米格-25「狐蝠」和米格-23「鞭撻者」（這兩種飛機於六〇年代末揭開面紗）而設計的，米格-29「支點」和蘇霍伊蘇-27「側衛」是專為對抗F-15和格魯曼F-14「雄貓」而設計的。這兩種蘇聯飛機的佈局非常相似，機翼後掠40度，翼根邊條大角度後掠，懸掛式發動機，楔形進氣道，雙垂尾。米格-29的設計重點在於極高的機動性，能夠擊落60~200千米範圍內的目標。即便有地面雜波干擾，這種飛機安裝的RP-29多普勒雷達也能夠探測100千米左右的目標。火控系統和任務計算機將雷達、激光測距儀和紅外搜索/跟蹤探測器與頭盔上的目標指示器連接起來。雷達能夠同時跟蹤10個目標，機載系統可以使米格-29接近或攻擊目標時，不需要發出探測性雷達或無線電信號。一九八五年，米格-29形成戰鬥力。米格-29K是海軍型，米格-29M是採用了線傳飛控系統的改型，米格-29UB是雙座作戰教練機。印度海軍與俄羅斯協商購買50架米格-29K，用於裝備從俄羅斯獲得的「戈爾什科夫上將」號航空母艦。

俄羅斯開始為150架米格-29戰鬥機進行升級，被稱為米格-29SMT。升級內容包括提高航程和載荷、全新的玻璃化座艙、全新的航電、改進型雷達和空中受油管。雷達將換成法佐特隆「甲蟲」，它也能同時跟蹤10個目標，但是探測距離卻達到245千米。米格-29M2是雙座型，米格-29OVT是一種超級機動型，擁有三維矢量推力發動機噴嘴。波蘭空軍的22架米格-29將由歐洲宇航防務集團（EADS，即以前的戴姆勒·克萊斯勒宇航公司）進行升級，進行必要的改進使其達到北約標準。EADS還曾對德國空軍從東德空軍繼承來的米格-29進行了升級，並與米格飛機公司一道為其他的米格-29用戶提供現代化升級服務。

米格-29安裝的是兩臺RD-33渦扇發動機，是世界上第一種採用二元進氣道的飛機。當飛行時，進氣道敞開，採用正常方式進氣；當飛機滑行時，進氣道關閉，通過翼根上方的百葉窗進氣，可以阻止跑道上的雜物進入進氣道，這在沒有修整好的飛機跑道上起飛時尤其重要。

俄羅斯空軍大約裝備了600架米格-29，另外其他國家的空軍也裝備了米格-29，孟加拉國8架，白俄羅斯50架，保加利亞17架，古巴18架，厄立垂亞5架，德國19架，匈牙利21架，印度70架，伊朗35架，哈薩克40架，馬來西亞16架，緬甸10架，朝鮮35架，秘魯18架，波蘭22架，羅馬尼亞15架，斯洛伐克22架，敘利亞50架，土庫曼斯坦20架，烏克蘭220架，烏茲別克斯坦30架，也門24架。

蘇聯解體後，繼承前蘇聯米格-29戰鬥機的最小的國家是摩爾多瓦，這個國家如同三明治一般夾在烏克蘭和羅馬尼亞之間，因此沒有足夠的財力供養這些戰鬥機。一九九七年，美國從摩爾多瓦購買了21架「支點」，部分原因是為了防止這些戰鬥機落入伊朗手中，這其中14架是「支點」-C，具有投擲戰術核武器的能力。這些飛機被拆解開來，由巨大的C-17「全球霸王」III運輸機空運至美國俄亥俄州代頓萊特—帕特森空軍基地的國家航空情報中心。

圖中這架是米格-29M，機背空間增加，以攜帶更多的燃油和航電設備，機身內部也有所變化。水平尾翼面積增加，可以更好地控制俯仰和翻轉。

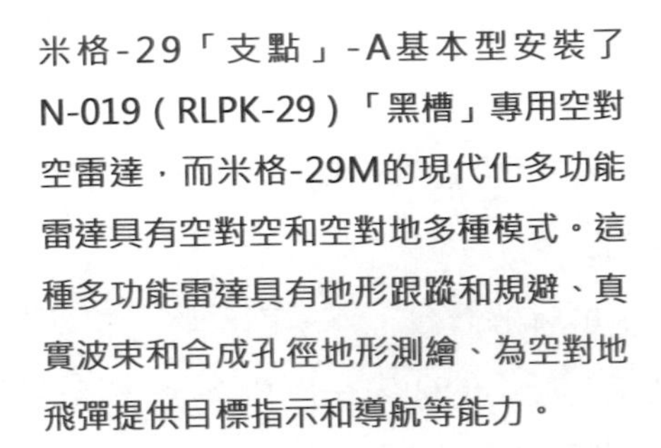

米格-29「支點」-A基本型安裝了N-019（RLPK-29）「黑槽」專用空對空雷達，而米格-29M的現代化多功能雷達具有空對空和空對地多種模式。這種多功能雷達具有地形跟蹤和規避、真實波束和合成孔徑地形測繪、為空對地飛彈提供目標指示和導航等能力。

米格-29由於座艙老舊而備受批評，安裝了傳統的模擬式儀表，而沒有安裝任何多功能顯示器。但是，有很多飛行員認為現代化座艙為飛行員提供的信息過於飽和。

米格-29可以攜帶各種武器。執行截擊和爭奪制空權任務時，通常要攜帶AA-9遠程「發射後不管」飛彈（類似於美國海軍的「不死鳥」）和AA-10「白楊」中程飛彈。正在發射的這枚飛彈是AA-8「蚜蟲」短程飛彈。

米高揚米格-29M

類　型：單座空優戰鬥機

發動機：兩臺薩克索夫公司製造的推力9409千克的RD-33K渦噴發動機

性　能：11000米高度最大飛行速度2300千米/小時；升限17000米；內油航程1500千米

重　量：空重10900千克；最大起飛重量18500千克

尺　寸：翼展11.36米；機身長17.32米；高7.78米

武　器：1門23毫米GSh-30機砲；8個外掛點，可攜帶4500千克彈藥，包括6枚空對空飛彈、火箭彈吊艙和炸彈等

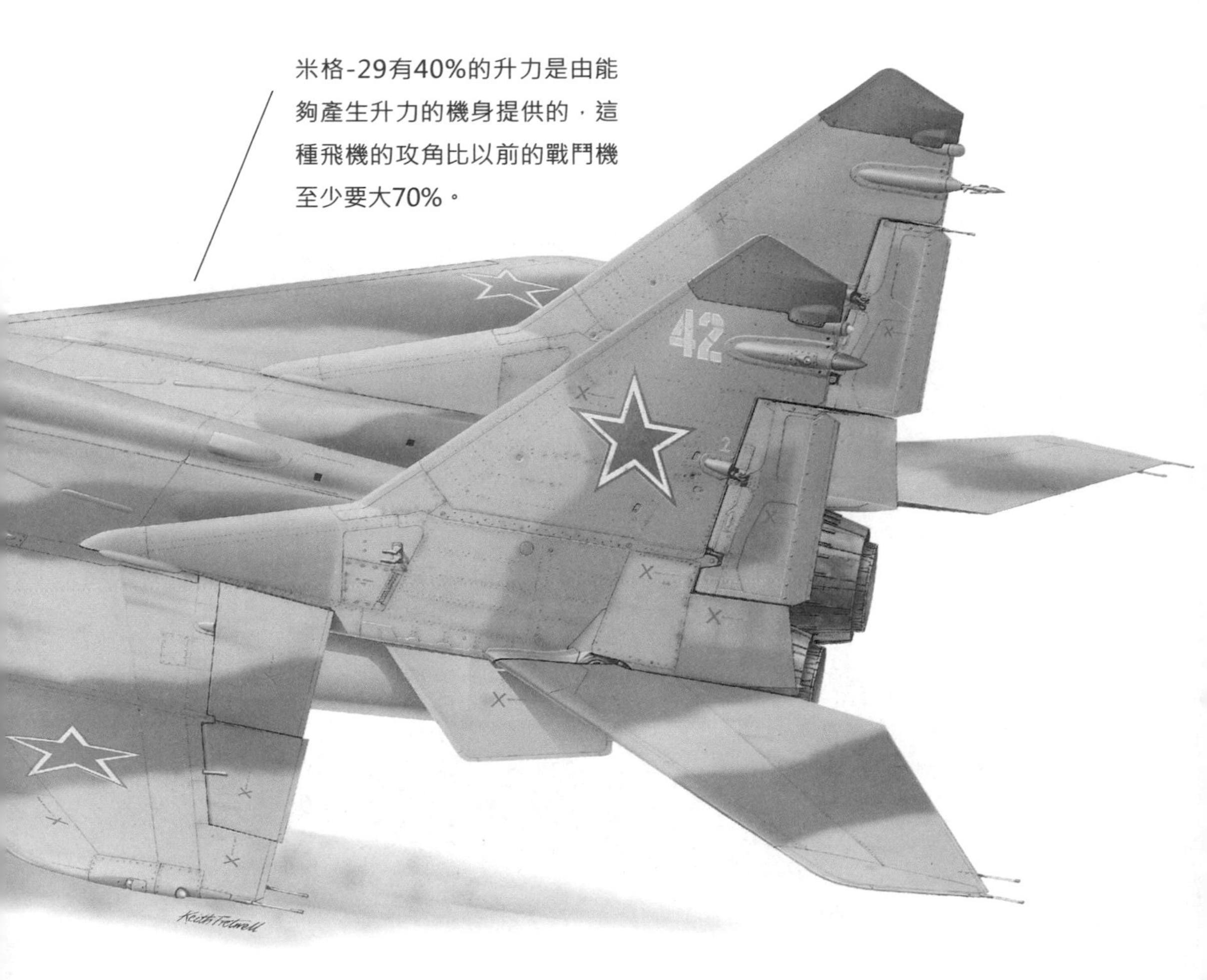

米格-29有40%的升力是由能夠產生升力的機身提供的，這種飛機的攻角比以前的戰鬥機至少要大70%。

90127

諾斯洛普・格魯曼 B-2「幽靈」

上圖：B-2可以攜帶各種武器組合，既有常規武器，又有核武器。由於出色的隱身性能，1架B-2就能造成極大的破壞，可以在一個目標上空投擲一枚炸彈後轉而攻擊下一個目標，而不會被探測到。

在現代空戰中，戰略空軍和戰術空軍的分界線日益模糊，戰略飛機經常會執行戰術任務。海灣戰爭中，對伊拉克軍隊進行飽和轟炸的B-52就是其中一例。但是有一種飛機被明確指定在二十一世紀扮演戰略角色。這就是諾斯洛普B-2「幽靈」戰略滲透轟炸機，與洛克希德F-117A戰鬥轟炸機一道成為隱身技術的化身。

B-2的研製工作始於一九七八年，美國空軍最初想購買133架，但是由於一九九一年軍費削減，採購數量減為21架。一九九三年十二月十七日，第一架B-2（編號880329）交付密蘇里州懷特曼空軍基地的第509轟炸機聯隊第393轟炸機中隊，第二支B-2中隊是第715轟炸機中隊。第509轟炸機聯隊共計畫裝備16架B-2。第509轟炸機聯隊組建於一九四四年，曾在二戰中向日本投擲了兩顆原子彈，因此在將新型轟炸機和新戰術引入作戰部隊時，該聯隊具有特殊涵義。

B-2安裝了4臺通用電氣公司生產的推力7847千克的無加力燃燒室渦扇發動機，兩個武器艙並排位於機體中心下方，安裝有波音公司生產的旋轉發射架。炸彈艙可安裝16枚AGM-129先進巡弋飛彈，或者是16枚B.61或B.63自由落體核炸彈，80枚Mk82 227千克炸彈，16枚直接攻擊彈藥，16枚Mk84 906千克炸彈，36枚M117 340千克燃燒彈，36枚CBU-87/89/97/98集束炸彈，80枚Mk36 254千克或Mk62水雷。攜帶典型武器配置時，B-2高空航程12045千米，低空航程8153千米。

B-2的基本核武器是可變當量B.83兆

噸級炸彈。這種武器可以由多種飛機攜帶，不過這種高效能武器更適合由B-2和羅克韋爾B-1B攜帶。作為B.77的廉價代替品，B.83的特徵與其相似，是第一種適合低空投擲的戰略武器，取代了B.28、B.43和B.57。它最低可在46米處投擲，引信和當量是可變的，可以由機組成員在飛行中編程設定。這種炸彈採用了非常安全的起爆器，即便是在高溫下或者意外跌落時，也不會引爆。安全編碼系統非常複雜，如果嘗試過一定次數還未輸入正確的指令，那麼它將會啟動自毀機制，在不傷及放射性物質的情況下使炸彈關鍵部件失效。B.83的主要攻擊目標是加固過的軍事目標，例如洲際飛彈發射井、地下工廠和核武器存儲設施。

在設計先進技術轟炸機（B-2計畫最初的稱呼）時，諾斯洛普公司決定採用全翼佈局。自從事航空事業伊始，雨果·容克和傑克·諾斯洛普等飛翼愛好者就開始研究飛翼，認為在攜帶與常規飛機相同的載荷時，飛翼能夠做到重量最輕、耗油最低。尾翼的重量和阻力，及其支撐結構的重量，都可以省略。這種結構效率更高，因為飛機的重量分布於整個機翼，而不是集中於中線。四〇年代諾斯洛普推出的試驗型活塞式飛翼轟炸機方案，在航程和載荷與康維爾B-36

下圖：B-2轟炸所具有的隱形性能，是指其可降低敵方雷達或紅外設備探測距離的低可探測性能，並非使雷達或紅外傳感器無法發現或探測。它也可被探測到，但這只發生在距雷達較短的距離內。當然，如果空中巡邏的敵方戰鬥機飛行員正好在B-2附近，他也可用肉眼看到後者，當然在實戰中這樣的幾率微乎其微。

諾斯洛普B-2「幽靈」

類　型：4機組成員戰略轟炸機

發動機：4臺通用電氣公司生產的推力7847千克的F118-GE-110渦扇發動機

性　能：高空最大飛行速度764千米/小時；升限15240米；航程11675千米

重　量：空重45350千克；最大起飛重量181400千克

尺　寸：翼展52.43米；機身長21.03米；高5.18米；機翼面積大約463.50平方米

武　器：16枚AGM-129先進巡弋飛彈，或者16枚B.61或B.63自由落體核炸彈，80枚Mk82 227千克炸彈，16枚聯合直接攻擊彈藥，16枚Mk84 906千克炸彈，36枚M117 340千克燃燒彈，36枚CBU-87/89/97/98集束炸彈，80枚Mk36 254千克或Mk62水雷

除了機身外形，B-2另外一個降低雷達信號的系統是特殊的吸波塗層。使用這種材料需要特別注意細節處理，而且這種材料在惡劣氣候條件下壽命有限。

B-2的設計者們認識到：如果艙門和其他縫隙呈鋸齒形，可以降低這些結構對隱身性能的破壞，因此機翼邊緣要具有一定角度，縫隙也都做成直角。一九七七年，諾斯洛普創造了一種新的成形技術，將鋒利的邊緣和曲形表面結合起來。

為了實現隱身性能、完成作戰任務，B-2選擇了飛翼佈局。這種平整、低矮而無尾翼的平面，增強了隱身效果。作為一種遠程轟炸機，B-2可以在機翼內攜帶高密度載荷。

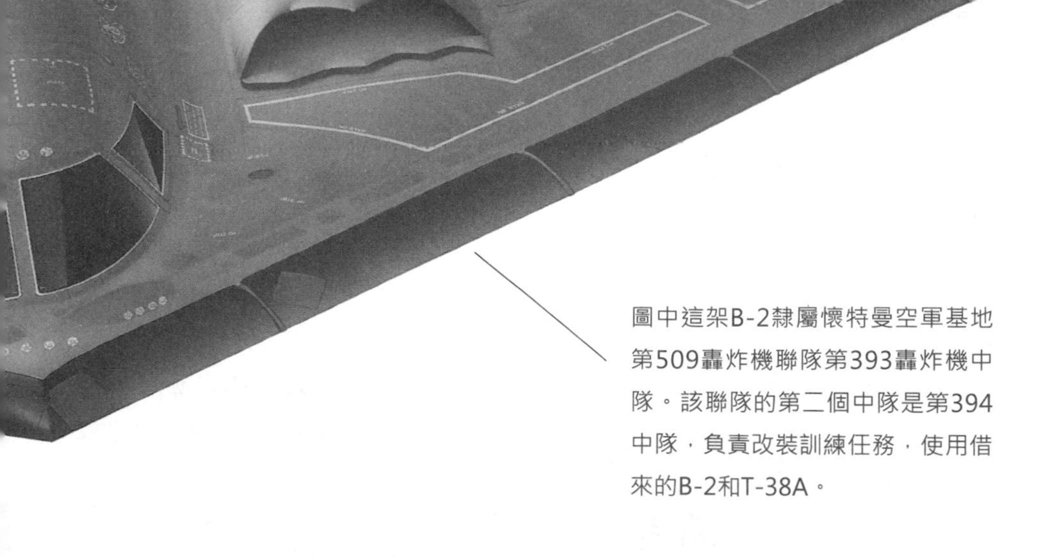

圖中這架B-2隸屬懷特曼空軍基地第509轟炸機聯隊第393轟炸機中隊。該聯隊的第二個中隊是第394中隊，負責改裝訓練任務，使用借來的B-2和T-38A。

上圖：一架B-2正接近KC-135加油機進行空中加油。B-2最初被稱作先進技術轟炸機，諾斯洛普在設計全翼飛機方面有豐富的經驗，因此決定採用全翼佈局。

相同的情況下，總重量和動力只需B-36的三分之二。一九四七年諾斯洛普公司還生產出了飛翼噴氣轟炸機的原型機，YB-49，然而這種飛機對B-2採用全翼方案的決定並無太大影響。之所以選擇全翼，是為了實現結構的整潔，使雷達截面最小化，包括取消垂尾；這也有助於提高翼展負載結構的效能和升阻比，實現經濟巡航。增加了外側翼面，保證縱向穩定性，提高昇阻比，並為螺距、翻滾和偏航控制提供足夠的跨度。前緣後掠，可以保證平衡和跨音速氣動；整個機體具有縱向狀態穩定性。由於機身長度較小，飛機必須使穩定俯衝的時間超過正向恢復的延遲。最初的B-2設計僅在機翼外側安裝了升降副翼，但是後來又在機翼內側安裝了升降副翼，因此B-2的後緣呈獨特的雙W形。機翼前緣設計獨特，空氣可以從各個方向進入進氣道，使發動機可以在高速和零速度時都可運轉。在超音速巡航時，空氣在進入隱藏著的GE F118發動機的壓縮面以前，速度已經從超音速狀態下降了。

武器管理處理器負責管理B-2重達22730千克的武器載荷。一個單獨的處理器負責控制休斯APQ-181合成孔徑雷達，並將數據傳給顯示處理器。雷達有21種使用模式，包括高分辨率地面繪圖。

B-2的起飛速度為260千米/小時，與起飛重量無關。正常飛行速度是高亞音速，最大飛行高度50000英尺。飛機機動性能極強，操縱特性類似於戰鬥機。

左圖：圖中是第509轟炸機聯隊的一架B-2「幽靈」隱形轟炸機正從懷特曼空軍基地起飛訓練。自從第509轟炸機聯隊於一九四四年成立並向日本投擲原子彈之後，它就一直走在美國空軍實戰轟炸戰術和新式武器部署的前列。

F/A-18「大黃蜂/超級大黃蜂」戰鬥機

F/A-18「大黃蜂」是一種快速、靈活的戰機。新近出現的F/A-18E/F型「超級大黃蜂」戰鬥機，因其機體尺寸較原型機增大不少，機體內部燃料儲量也得以提升，如果要遂行遠程作戰任務，仍需加掛外部副油箱。

美國海軍用F/A-18系列戰鬥機取代了原有的F-14「雄貓」，作為其艦載航空兵的基本戰鬥機。自服役以來，F/A-18系列戰鬥機也在多次實戰中證明了其高可靠性和安全性能。無論戰時或平時，不少戰機在空中即便遭受到嚴重的損壞，仍能返回航母。如二〇〇三年伊拉克戰爭期間，一架海軍F/A-18戰鬥機在執行任務途中，一臺引擎突然起火失去動力，另一臺引擎也受到波及動力性能大降，但飛行員仍設法返航，並成功在航母上實施了迫降，在經過緊急維護並更換引擎後，這架戰機很快就重返藍天。而且與F-14戰鬥機的引擎相比，F/A-18戰機的引擎更為可靠，也更不易出現空中熄火和壓縮失速等故障。海軍偏好雙發引擎艦載機，由於航母艦載機絕大多數任務都在海面上進行，茫茫大海中，突發故障的戰機很難像陸地上飛行的戰機那樣出現問題後很快能找到臨時降落的機場，在大多數時候，艦載戰機如果無法返回航母就只能失

下圖：圖中戰機為一架正準備從海軍「艾森豪威爾」號航母上起飛的「大黃蜂」戰鬥機，圖中可見其掛載了大量副油箱而並沒有其他武器負載，這表明此次起飛並不是作戰，而是轉場任務。

事墜海，因此海軍對艦載機的可靠性要求非常嚴格，而雙發引擎戰機的安全係數無疑比單發引擎戰機高上許多。因此，我們可以看到，戰後進入噴氣時代以來幾乎所有海軍的艦載機都採用雙發設計。除高可靠性外，易於維護也是海軍對其艦載機的重要要求。航母編隊長時間遠離後方基地作戰，無法全部攜帶各類零配件和備份設備，如果由於艦載機維護效率方面的原因，導致戰機出勤率大打折扣，

上圖：「超級大黃蜂」可以兼顧空中作戰和空中加油，其可以掛載4個油箱和一個中心線軟管加油裝置，能夠攜帶13608千克的燃油。

下圖：圖中F/A-18C型「大黃蜂」戰機正在施放紅外誘餌彈，這類生產高熱強光的誘餌對於尾隨而來的紅外飛彈具有強烈的吸引力，圖中可見此架戰機掛載著大量「鋪路石」激光制導炸彈，這表明它此次執行的是攻擊性任務。

上圖：AGM-88「哈姆」自引導反輻射飛彈可以從50千米以外定位並攻擊工作中的雷達系統，它的飛行速度達到超音速，使目標雷達只有很少時間對其攻擊作出反應。

無疑會對其編隊整體作戰效能造成很大的影響。此外，航母上空間有限，維護設備也無法像地面機場那樣齊全完備，在這種環境中如果戰機維護複雜、耗時的話，無疑也會大大影響其出勤率，特別是在作戰節奏越來越快的現代高強度戰爭中，有時這些不起眼的環節很可能成為影響整個戰役勝負的重要因素。從這一角度看，戰機易於維護的特性，也是決定其能否上艦真正成為艦載機的決定性因素。無論從哪方面看，F/A-18「大黃蜂」系列戰鬥機無疑都是滿足這些苛刻要求的佼佼者。

由於主要在航母上使用，F/A-18戰鬥機也擔負著一系列打擊海上和陸上目標的任務，對於前者，它主要掛載AGM-84「魚叉」反艦飛彈，以及以「魚叉」飛彈為基礎的「防區外增程陸攻飛彈（SLAM-ER）」；對於防護嚴密的目標，它可使用AGM-154聯合防區外彈藥（JSOW）以及反輻射飛彈實施打擊。對於中、近程目標的精確攻擊，「大黃蜂」戰機可使用AGM-65「幼畜」飛彈，或搭配掛載激光、GPS制導炸彈實施打擊；此外，戰機也可掛載其他各類無制導負載，如普通炸彈、火箭巢、集束式炸彈、空中布撒地雷，甚至還能搭載B61戰術核炸彈。

在電子設備方面，F/A-18戰鬥機除機鼻部位配備先進的AN/APG-65脈衝多普勒雷達外，能同時跟蹤空中和地面目標，並為機載火控系統輸出目標指示數據；機體前部還配有前視紅外傳感器組，也可加裝激光照射指示裝置，使其能在對地攻擊過程中為自己投擲的激光制導炸彈指示目標，或者為夥伴戰機提供目標指示。飛行員座艙也非常先進，飛行器與火控系統界面採用觸控式設計，各種指令的下達和修改在指尖輕觸下即可完成；其頭盔也直接與火控系統相連，如果飛行員要為飛彈鎖定空中目標，只需要將頭盔轉向目標所在方位，即可實現鎖定，而不必像以往那樣低頭在儀表面板上扳動一大堆開關和旋鈕，這些設計都使飛行員在空中戰鬥過程中，能夠集中精力於目標的動作。

除了戰機本身所具有的高速度、靈敏性以及相對較小的機體外，「大黃蜂」戰機還配備有極其先進的電子戰系統，在飛行過程中，它能隨時提醒飛行員戰機可能受到的威脅，並自動對敵方電子系統實施電子干擾和阻塞；在應對敵方飛彈攻擊時，戰機亦能發射金屬箔條和紅外誘餌彈等。在執行偵察任務時，「大黃蜂」戰機可配備多種傳感器莢艙，同時監控空中、陸地或海面的情況。

在未來，F/A-18系列戰機最可能的替代者是F-35「閃電」多用途戰鬥機的海軍艦載機型，但是F/A-18作為一款設計成功的艦載多用途戰機，在未來仍會有很長時間繼續服役，其最新的改型F/A-18E/F「超級大黃蜂」服役時間也僅僅十年不到，至於以其為基礎改進的偵察機型和電子戰機型，肯定亦會比其戰鬥或攻擊機型服役的時間更長。

上圖：裝了副油箱的F/A-18E/F「超級大黃蜂」戰鬥機。

F/A−18E「大黃蜂/超級大黃蜂」戰鬥機

類　型：單座戰鬥機
發動機：２臺通用電氣公司生產的F404-GE-400渦輪風扇發動機
性　能：高空最大飛行速度1.8馬赫；升限15240米
重　量：最大起飛重量29937千克
尺　寸：翼展13.62米；機身長18.31米；高4.88米；機翼面積大約46.45平方米
武　器：20毫米機砲；其機翼下引擎兩側的半埋式掛載點可掛載2枚AIM-7「麻雀」或2枚AIM-120「阿姆拉姆」中、遠程空對空飛彈；翼尖可攜帶較小的輕型飛彈，如AIM-9「響尾蛇」近程飛彈或AIM-132「先進近程空對空飛彈（ASRAAM，『阿斯拉姆』）」

歐洲戰鬥機「颱風」

上圖：二〇〇〇年間，英國製造的第一架歐洲戰鬥機原型機，編號ZH558（DA.2），被噴成了黑色，這一塗裝使其在飛行包線擴展和操縱性能的試飛時非常顯眼。圖中顯示這架飛機正在布萊克普市上空，距離蘭開夏州的沃頓基地不遠。

一九八一年，英國皇家空軍作戰需求部開始制訂下一代戰鬥機計畫，以替換擔任防空作戰任務的F-4「鬼怪」和擔任對地支援任務的「美洲虎」。這項需求的結晶就是「第414號空軍參謀(部)需求」，這份文件中詳述的是一種航程較短、機動性很高的防空/攻擊機。歐洲戰鬥機（EFA）計畫能夠滿足這一需求。該計畫是法國、德國、義大利、西班牙和英國的空軍參謀長於一九八三年十二月共同提出的；一九八四年七月完成了初步可行性研究，但是法國於一年後退出了該計畫。一九八七年九月發布了明確的「歐洲參謀部需求（發展）」，給出了更為詳盡的作戰需求參數；一九八八年十一月，主要的發動機和武器系統研發合同簽署。為了驗證EFA必要的技術，一九八三年五月英國宇航公司接到了研製一架高機動性的驗證機的合同——而非原型機——在試驗機計畫（EAP）的名義下進行。這項成本要由參加EFA計畫的公司和英國國防部（MoD）共同分擔。一九八六年八月八日，EAP技術驗證機首飛，這距離計畫開始僅僅三年。歐洲戰鬥機的任務是有效完成全頻譜作戰，從超視距空戰到近距離格鬥。要做到這一點，技術必須非常先進，甚至獨一無二，因此EAP對歐洲戰鬥機計畫至關重要。

一九九二年，隨著冷戰的結束，四國對整個計畫進行了重新評估，德國要求降低成本。研究過多種低成本方案後，僅有兩種方案比EFA便宜，但是這兩種方案都比米格-29和蘇-27要差。一九九二年十二月，計畫再次啟動，稱為「歐洲戰鬥機2000」，計畫服役時間也推遲了三年。

歐洲戰鬥機被設計為「飛行員的飛機」，特別注重全方位視野和高G機動時的舒適性。一個重要設備是飛行員頭盔瞄準具，飛彈鎖定不必做急轉彎，因此避免了高G機動時喪失意識（即G-loc）。飛行員也配備了新型快速反應抗荷服。這些創新性設計使得歐洲戰鬥機的彈射坐椅不必傾斜18度，有利於改善視野。這也使得歐洲戰鬥機可以保留中央控制桿，而使用傾斜式坐椅的飛機，如F-16，則需要側桿。

座艙的特點是彩色多功能平視顯示器（HUD）和廣角全息HUD。直接聲音輸入設備（DVI）控制無線電頻率切換和地圖顯示儀，而不控制關鍵系統，如起落架收放和武器開火。座艙加裝了輕型裝甲，能夠防禦小口徑和中口徑高射砲彈；而關鍵系統則有重型裝甲防護，

下圖：根據圖中「颱風」戰鬥翼下的負載，其翼下共搭載了6枚激光制導炸彈，並未掛載中、遠程空對空飛彈，仍掛載著2枚近程空對空飛彈，可推知其負載主要用於對地攻擊。雖然近程紅外空對空飛彈在這類任務中使用的概率極小，但作為戰機本身自衛防禦使用，無論何種負載配置都須掛載數枚。

鴨翼加三角翼佈局，是為了造成空氣動力的不穩定，能夠提高機動性（特別是超音速時）、降低風阻和提高昇力。飛行員通過電腦數字線傳係統控制飛機，在整個飛行包線內具有良好的操控性和穩定性。

「颱風」安裝了歐洲雷達公司的「捕手」（ECR90）多功能X波段多普勒雷達。這種多功能雷達有3個處理信道，第3個信道用於干擾分類、干擾消除和旁瓣調零。

飛行員控制系統採用的是語音控制操縱桿系統（VTAS），涵蓋了24個傳感器和武器控制指令、防衛輔助管理系統和飛行操控。直接的聲音輸入允許飛行員使用聲音命令實現模式選擇和數據登錄程序。

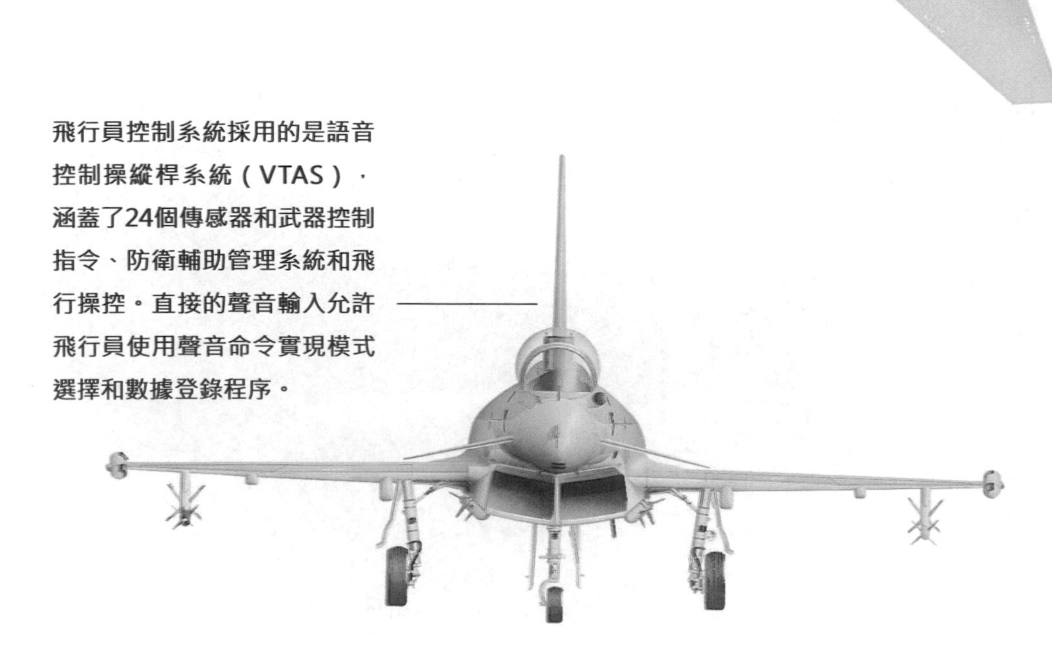

空戰時的標準武器配置是機身半埋入式掛架下的4枚超視距空空飛彈（BVRAAM）和外掛架下的兩枚先進短程空空飛彈（ASRAAM），最多可攜帶10枚中程和短程飛彈。

設計思想是為飛行員提供防衛電子設備比提供裝甲板更重要。

歐洲戰鬥機最先進的系統當屬防禦輔助子系統（DASS），能夠對付北約主要戰場上面對的種類繁多、數量巨大的威脅。該系統還與歐洲戰鬥機的雷達告警接收器、激光探測器和其他探測器關聯，能夠在向飛行員發出威脅優先級警告的同時，自動確定最佳主動與被動防禦措施組合。

為了攻擊目標，特別是為了超視距空戰，歐洲戰鬥機安裝了歐洲雷達公司的ECR90多功能多普勒雷達。該雷達由費倫蒂公司的「藍雌狐」雷達發展而來，「藍雌狐」雷達安裝於英國宇航的「海鷂」FRS.2戰機。ECR90致力於將飛行員工作負荷最小化；雷達持續跟蹤，跟蹤管理軟件負責分析、確定或刪除優先級。作為第3代雷達，ECR90得益於處理能力的大幅度提高，能夠在上視和下視模式下進行全向探測；它還能夠通過轉換雷達信號特徵，降低被敵方雷達告警接收器探測到的風險。

歐洲戰鬥機安裝了兩臺EJ200高性能渦扇發動機，靜推力13500磅（60千牛），加力推力20000磅（90千牛）。最初的兩架原型機一九九四年試飛，隨後又有多架試飛。最初採購數量是：英國和德國各250架，義大利165架，西班牙100架。一九九四年一月，西班牙將採購數量減為87架。德國和義大利分別減為180架和121架，德國的訂單中包括至

下圖：德國曼興，試飛員基思·哈特利駕駛著歐洲戰鬥機「颱風」DA.1滑向跑道。二〇〇二年，奧地利決定購買35架歐洲戰鬥機，是其走向出口市場的一大突破。

從這個視角可以清楚看到歐洲戰鬥機前置鴨翼的角度，這有助於加強高G機動時的可控性，提高短距起降性能。飛行員頭盔瞄準具避免了飛彈鎖定時的急轉彎。

少40架戰鬥轟炸機。英國採購數量減為232架，還有可能再減少65架。原計畫二〇〇一年向這4個國家的空軍交貨，但是進度再一次推遲，時間改為二〇〇三年。它還打開了出口市場，奧地利訂購了35架。

儘管歐洲戰鬥機主要是作為空優戰鬥機，但是在基礎設計中考慮了空對地攻擊能力。歐洲戰鬥機能夠執行近距空中支援、防空、空中遮斷和反艦任務，它還具備偵察能力。通常情況下，低一低飛行時作戰半徑648千米，高一低一高飛行時作戰半徑1390千米。歐洲戰鬥機最大飛行速度2馬赫。

歐洲戰鬥機「颱風」

發 動 機：兩臺歐洲噴氣發動機公司的EJ200加力渦扇發動機，每臺發動機淨推力13490磅（60.00千牛），開加力時推力20250磅（90.00千牛）

重　　量：空重21495磅（9750千克）；最大起飛重量46297磅（21000千克）

性　　能：最大速度（36090英尺米高度不攜帶武器）；1321英里/小時（1147節）；最大爬升率保密；實用升限保密

尺　　寸：翼展35英尺11英寸（10.95米）；機身長度52英尺4英寸（15.96米）；高度17英尺4英寸（5.28米）；機翼面積538.21平方英尺（50.00平方米）；機翼展弦比2.205；鴨翼面積25.83平方英尺（2.40平方米）

武　　器：1門27毫米「毛瑟」BK27機砲；短程空對空飛彈；中程空對空飛彈；空對面飛彈；反雷達飛彈；制導和非制導炸彈；機砲安裝於機身右側；其餘武器掛載在9個機翼下掛架和4個機身下飛彈發射架。所有的武器載荷超過14000磅（大約6500千克）

作戰半徑：288至345英里（463至556千米）；座艙單座

帕納維亞「狂風」防空截擊型（ADV）

一九七一年，英國國防部發布《第395號空軍參謀部目標》，要求購買一種變化最小、成本最低而高效的截擊機，取代英國宇航「閃電」和F-4「鬼怪」執行本土防空任務。基本武器是英國宇航XJ521「天空閃光」中程空對空飛彈，基本傳感器是馬可尼航空電子公司的多普勒雷達。這就是後來帕納維亞「狂風」截擊機/攻擊機（IDS）的防空截擊型（ADV）。

這是一種遠程截擊機，空中戰鬥巡邏（CAP）時間長，能夠在全天候、複雜電磁環境下，連續快速攻擊多個目標。它與英國防空地面環境（UKADGE）、空中早期預警（AEW）機、加油機、防空艦協同作戰，通過安全的抗電子干擾數據、語音指揮和控制網鏈接。「狂風」ADV的截擊雷達是馬可尼（即現在的GEC-馬可尼）航空電子公司的AI24「獵狐者」，一九七四年開始研製。基本要求是：探測範圍內的目標不受高度限制；對低空目標的下視能力很重要，特別是當截擊機本身處於低空時；還要能夠克服嚴重而複雜的電子對抗措施的干擾。在雷達研製過程中出現了大量的困難，在正式服役以前要進行大量的改進工作。當一九七九年底第一架「狂風」ADV首飛時，外掛設備也發生了很大變化。除了4枚「天空閃光」飛彈外，機翼掛架下還有4枚AIM-9L「響尾蛇」飛彈，可拋副油箱也由1500升增加到2250升，增加了不進行空中加油時的航程和空中戰鬥巡邏時間。

「狂風」ADV原型機共製造了3架，安裝渦輪聯合有限公司的RB.199 Mk103渦扇發動機，第一批交付英國皇家空軍的生產型「狂風」F.2安裝的也是這款發動機。這批「狂風」的特點是人工控制機翼後掠角，而後期生產型採用自動控制。一九八四年十一月，第一批「狂風」F.2交付英國林肯郡科寧斯比空軍基地的英國皇家空軍第229作戰轉換中隊（OCU），而此時「獵狐

左圖：一架「狂風」ADV，可以看到它機身下掛架的4枚「天空閃光」空對空飛彈。最初計畫將飛彈掛載於機翼下，但後來發現在機身下半埋入式掛載更好。

上圖：圖中一架美國空軍的KC-10加油機，正在為一架英國皇家空軍的「狂風」戰機實施空中加油作業，該照片攝制於伊拉克空域。對於需要戰機較長時間滯留於目標空域的作戰任務，空中加油機的支援必不可少。

者」雷達的問題遠沒有解決。第一批18架「狂風」使用Mk103發動機，後來生產的「狂風」使用更強勁的Mk104發動機，增加了360毫米的加力段，採用了盧卡斯航空公司的發動機數字電子控制器（DECU）。這些後期生產型被稱為「狂風」F.3——完全按照設計去製造——可掛載4枚「天空閃光」和4枚AIM-9L「響尾蛇」，自動控制後掠角，自動操縱裝置能夠控制縫翼和襟翼，實現攻角和後掠角的改變。

直到一九八六年，改進過的AI24「獵狐者」雷達才安裝在OCU的「狂風」上，多花了2.5億英鎊。一九八七年，第一支「狂風」中隊——第29中隊在英國皇家空軍科寧斯比空軍基地成立，十一月底開始執行任務。除了第229作戰轉換中隊（一九九二年七月一日改為第56預備中隊），另有7支中隊裝備了「狂風」。

「狂風」F.3執行一般防空任務時採用「重型戰鬥配備」，即攜帶4枚「天空閃光」和4枚「響尾蛇」，不帶副油箱。「空中戰鬥巡邏配備」則包括兩個副油箱，以增加航程。一九八八年九月十日，沒有攜帶副油箱的「狂風」F.3受到考驗——第5中隊的兩架「狂風」奉命攔截挪威海上空的兩架圖-95D「熊」海上雷達偵察機。一架英國皇家空軍VC-10加油機從琉查爾斯緊急起飛，趕去與成功執行完任務的「狂風」匯合。

義大利和沙烏地阿拉伯空軍也裝備了「狂風」ADV。

圖中這架「狂風」F.3隸屬於英國林肯郡科寧斯比空軍基地的英國皇家空軍第229作戰轉換中隊（OCU）。這架飛機還標有第65中隊的標誌。第65中隊是一九八七年一月一日組建的OCU「影子」中隊，是為了在實踐中打造一支擁有傑出記錄的中隊。

結構變化包括：機身延長136公分，翼根處更向後掠，升力中心前移，以補償重心的改變，降低波阻。

帕納維亞「狂風」ADV

類　型：雙座全天候防空戰鬥機
發動機：兩臺渦輪聯合有限公司生產的推力7493千克的RB.199 Mk103渦扇發動機
性　能：11000米高度最大飛行速度2337千米/小時；升限21335米；攔截航程約1853千米
重　量：空重14501千克；最大起飛重量27987千克
尺　寸：機翼展開時翼展13.91米，後掠時8.60米；機身長18.68米；高5.95米；機翼面積26.60平方米
武　器：兩門27毫米IWKA-毛瑟機砲；6個外掛點，可攜帶5806千克彈藥，包括「天空閃光」中程空空飛彈、AIM-9L「響尾蛇」短程空空飛彈，以及可拋副油箱

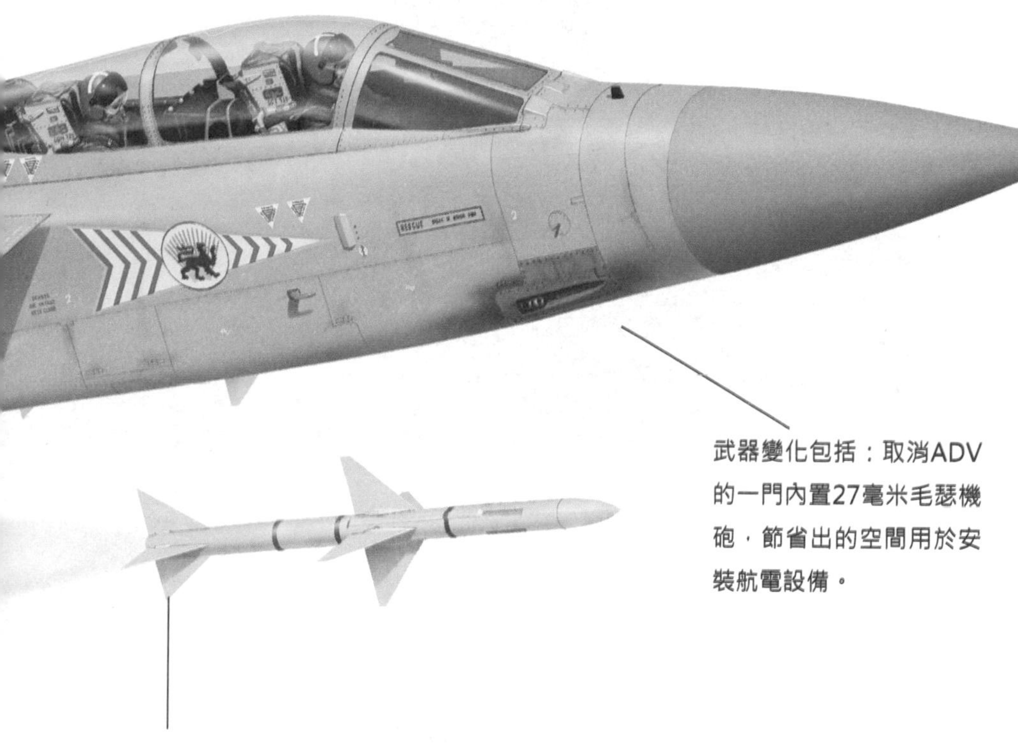

武器變化包括：取消ADV的一門內置27毫米毛瑟機砲，節省出的空間用於安裝航電設備。

最初的「狂風」ADV研究設想是在機翼下掛載4枚「天空閃光」飛彈，機身下掛載遠程副油箱，修改機頭，安裝AI雷達。但是在早期空氣動力測試中，ADV掛載飛彈後性能達不到要求，與它要取代的「鬼怪」相比，沒有多少優勢，即便改進發動機之後也是如此。解決方法是在機身下方以半埋入的方式掛載空對空飛彈，形成低風阻的外形。

802

薩伯JAS-39A「鷹獅」

薩伯JAS-39「鷹獅」輕型多功能戰鬥機的研製始於二十世紀七〇年代，用於替換「雷」的攻擊型、偵察型和截擊型。JAS-39採用鴨翼加三角翼設計，通過三余度數字線控控制，1部愛立信公司的多模式多普勒雷達，激光慣性導航系統，廣角平視顯示器，3個單色下視顯示器。「鷹獅」的發動機是一臺瑞典沃爾沃公司生產的加固型RM12（根據許可證生產的通用電氣GE F404）渦扇發動機，經得起飛鳥撞擊。一九八二年六月三十日，薩伯公司接到了生產5架原型機的合同，第一批生產型數量為30架，後來追加了110架。全部工作開始於一九八三年第二季度；沃爾沃RM12渦扇發動機於一九八五年一月開始試車；中標的平視顯示器（HUD）設備於一九八七年二月在「雷」測試平臺上進行飛行測試；一九八九年七月雙座型JAS-39B的研究工作得到授權。這也導致「鷹獅」的先進線控系統進行了修改，而線控系統的故障導致了首架原型機的墜毀。其他幾架「鷹獅」原型機首飛時間分別是：一九九〇年五月四日（編號39-2）、一九九〇年十二月二十日（編號39-4）、一九九一年三月二十五日（編號39-3）和一九九一年十月二十三日（編號39-5）。一九九一年底，改造過的「雷」測試平臺（編號37-51）經過250架次的飛行測試，終於完成任務，光榮退休。第二批次110架飛機合同是在一九九二年六月三日簽訂的。第一批次的生產型「鷹獅」一九九二年九月十日首飛，頂替第一架原型機39-1進行測試工作。瑞典皇家空軍的第一架生產型「鷹獅」（編號39-102）一九九三

下圖：與其他瑞典戰機一樣，「鷹獅」也能夠在公路上起降，可分散到森林的開闊地。它還能藏身於山體上挖掘的地下機庫中。生存時間盡可能長是重中之重。

年三月四日首飛，一九九三年六月八日轉交給瑞典國防物資管理局第8處（FMV 8，一個政府管理的測試與研發機構，類似於英國皇家航空研究院），但是這架飛機於同年八月八日墜毀，這也導致「鷹獅」的飛行控制軟件進行更大的修改。

一九九五年九月二十二日，39-4號機完成了「鷹獅」的第2000次飛行。一九九六年底，最初合同規定的研發工作全部完成，至此6架原型機在2300次飛行中累計飛行超過1800小時。測試項目包括大攻角（AoA）測試和尾旋測試。至一九九六年，「鷹獅」展示了自

上圖：「鷹獅」正在展示自己的武器。第一支裝備該機的是第7聯隊，一九九七年九月具備初始作戰能力（IOC）。「鷹獅」用於替換瑞典皇家空軍的「雷」。

下圖：薩伯公司和英國宇航公司聯合開拓「鷹獅」的市場。第一個出口客戶是南非，南非在一九九九年同時定購了28架「鷹獅」和24架「鷹」100，交付時間從二〇〇五年開始，二〇一二年截止。

薩伯JAS−39A「鷹獅」

類　型：單座多功能戰機

發動機：1臺瑞典沃爾沃公司生產的推力8210千克的RM12渦扇發動機

性　能：最大飛行速度2馬赫；升限保密；航程3250千米

重　量：空重6622千克；最大起飛重量12473千克

尺　寸：翼展8.00米；機身長14.10米；高4.70米

武　器：1門27毫米「毛瑟」BK27機砲；6個外掛點可攜帶「天空閃光」和「響尾蛇」空對空飛彈、「小牛」空對地飛彈、反艦飛彈、炸彈、集束炸彈、偵察吊艙、可拋副油箱和電子對抗吊艙等

「鷹獅」的淺色標識、低可見度塗裝和小巧的體型，使其成為敵人近距離格鬥的難纏對手。但是有些飛行員認為，飛機的全息平視顯示器太大，所發出的綠色光線與太陽光截然不同，容易暴露JAS-39的位置。

這架「鷹獅」隸屬於瑞典南方空軍司令部第7聯隊，基地在索特奈斯，它同時掛載著攻擊與防衛武器——內側掛架下兩部BK90（即DWS-39）滑行布撒器，外側掛架下是Rb99（即AIM-120）先進中程空對空飛彈。AIM-9「響尾蛇」則安裝於翼尖掛架。

在JAS-39的設計過程中，薩伯公司保留了經過測試和驗證的尾部三角翼加前部鴨翼的佈局，這可以使飛機在各種速度和高度上保持出色的機動性。

從起飛到爬升至10000米，即使是攜帶全部作戰載荷，「鷹獅」也能夠在兩分鐘內完成。「鷹獅」低空飛行速度可達1.5馬赫，從0.5馬赫加速至1.5馬赫需要30秒；高空飛行速度可達2馬赫。

己的能力，它能夠在沒有再次加熱情況下以1.08馬赫的速度巡航。更深一步地測試則使用了空中受油管全尺寸模型，一九九八年十一月二日至七日，第4架原型機在8次飛行中與英國皇家空軍的VC10K.Mk.4加油機完成了空中對接。

瑞典皇家空軍訂購的「鷹獅」總量為140架，第一支裝備該機的是索特奈斯的第7聯隊。一九九四年五月，在林雪平開始進行維護訓練。改裝訓練本來計畫在一九九五年十月開始，後來被推遲到一九九六年，官方公布的飛行員訓練中心在索特奈斯。一九九七年九月，「鷹獅」具備初始作戰能力（IOC），隨後第7聯隊的第2中隊開始了為期3周的作戰演習，該部隊最後一架JA-37「雷」於一九九八年十月退役。至二〇〇〇年中期，瑞典空軍的「鷹獅」完成了16000次飛行，累計飛行12000小時。至二〇〇一年三月十二日，共有100架飛機交付使用。

儘管瑞典在軍用飛機出口市場上所占份額並不大，不過「鷹獅」已經取得了一次重大成功。一九九九年十二月三日，南非空軍宣布薩伯公司和英國宇航公司將在二〇〇五年至二〇一二年分別提供28架「鷹獅」和24架「鷹」100。

下圖：圖中「鷹獅」戰鬥機未掛載副油箱，而是掛載著4枚AGM-65「幼畜」近程空對地飛彈和2枚位於翼尖掛載點的AIM-9「響尾蛇」近程空對空飛彈。「幼畜」飛彈的發射雖然需要飛行員的鎖定，但一旦發射後飛彈就會自動飛向目標而無需飛行員的進一步指令。

蘇霍伊
蘇-25「蛙足」

與A-10「雷電」II同級別的蘇制攻擊機就是蘇霍伊設計局的蘇-25,但是實際上，蘇-25（北約代號「蛙足」）的設計時間更接近於達梭－都尼爾的「阿爾法噴氣」或英國宇航的「鷹」。蘇-25K單座近地支援機於一九七八年開始服役，並在前蘇聯入侵阿富汗期間參加過幾次實戰，這種飛機的堅固在幾次交戰中展露無疑。亞歷山卓·V. 魯茨科伊上校駕駛的一架蘇-25曾遭受兩次重創：一次是被地面防空砲火擊中，另一次是被巴基斯坦空軍F-16發射的「響尾蛇」空對空飛彈擊中。每一次飛行員都駕駛著受損的飛機一瘸一拐地返回了基地。飛機經過修理、重新噴漆後，又重返部隊。魯茨科伊不能總是那麼幸運：他在一次

上圖：翼尖安裝有減速板，阿赫圖賓斯克科學與技術研究所飛行中心的蘇-25TM是「蛙足」家族的最新改型。這種飛機改進了防禦系統，以對抗單兵便攜式防空飛彈的威脅。

作戰行動中駕駛著另外一架蘇-25，飛機被地面防空砲火和一枚「吹管」肩射飛彈擊中，飛彈在右側發動機處爆炸。飛機仍在繼續飛行，但是另一發高射砲彈將其擊落。魯茨科伊成功彈射，被巴基斯坦政府抓獲，最後得到遣返。但是，在阿富汗的作戰也暴露出一些蘇-25的重大缺點。例如，兩臺發動機距離過近，如果一臺被擊中起火，那麼另一臺也很有可能會起火。當「蛙足」第一次與「毒刺」肩射飛彈交鋒時，兩天之內有4架飛機被擊落，兩名飛行員喪生——

飛彈碎片切開了機身後部的油箱，而油箱正好位於尾噴管上方。

根據阿富汗戰爭得來的教訓，蘇霍伊設計局推出了名為蘇-25T的升級型，改進了防禦系統，以對抗「毒刺」等武器。改進措施包括，在發動機艙之間和燃油艙底部安裝幾毫米厚的鋼板。經過這一改進，再也沒有蘇-25被肩射飛彈擊落。在長達九年的阿富汗戰爭期間，蘇聯共損失了22架蘇-25。

蘇-25UBK是雙座出口型，而蘇-25UBT是海軍型，起落架和著陸攔阻裝置經過了加強。蘇-25UT是教練型，沒有標準型蘇-25UBK的武器掛架和戰鬥能力，但是保留了惡劣場地起降能力和持續力。蘇聯空軍本來計畫用蘇-25UT取代大量裝備的L-29和L-39教練機，但是只有一架蘇-25UT在一九八五年八月進行了試飛，而且採用的是DOSSAAF（蘇聯的一個軍事化「私人飛行」組織，為學生提供基本的飛行訓練）的塗裝。實際上，這架飛機在性能上超過了L-39，但是僅被用於特技飛行表演。

下圖：一旦敵方空中戰鬥機和地面防空系統的威脅解除後，蘇-25這類攻擊機便可發動針對敵方地面力量的大規模空中攻勢，直接支援前線部隊作戰、打擊敵後方後勤補給設施，等等，這些都有利於降低敵方部隊作戰效能和意志。

蘇霍伊蘇-25「蛙足」-A

類　型：單座近地支援機

發動機：兩臺圖曼斯基設計局製造的推力4500千克的R-195渦噴發動機

性　能：海平面最大飛行速度975千米/小時；升限7000米；攜帶4400千克作戰載荷進行低—低—低飛行時，作戰半徑750千米

重　量：空重9500千克；最大起飛重量17600千克

尺　寸：翼展14.36米；機身長15.53米；高4.80米；機翼面積33.70平方米

武　器：1門30毫米GSh-30-2機砲；8個外掛點，可攜帶4400千克彈藥，兩個外側掛架可攜帶空對空飛彈

蘇-25T和蘇-25TM的特點是機頭經過重新設計，向前伸出的六角形舷窗內安裝的是激光測距及目標指示器和I-251微光電視（LLTV）飛彈制導系統的光學器件。

這架蘇-25TM由蘇霍伊設計局飛行測試部掌管，隸屬於阿赫圖賓斯克的聯邦飛行測試中心，位於伏爾加格勒和阿斯特拉罕之間。這架飛機被稱為「藍色10號」，用於武器測試，並在海外航展上為潛在用戶進行了飛行表演。

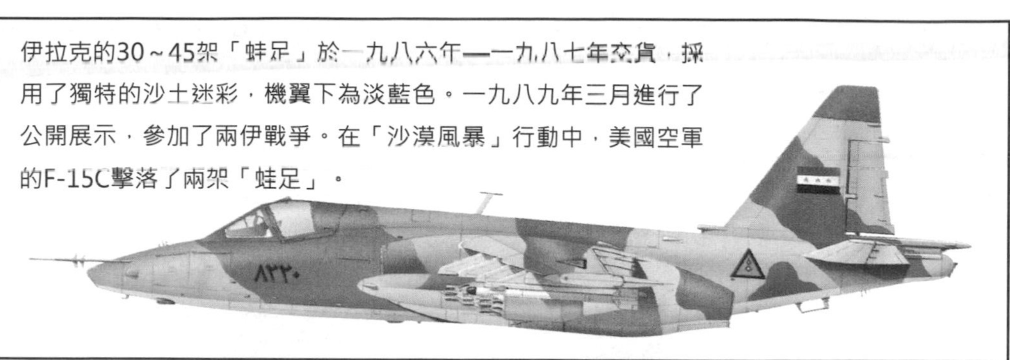

伊拉克的30～45架「蛙足」於一九八六年—一九八七年交貨，採用了獨特的沙土迷彩，機翼下為淡藍色。一九八九年三月進行了公開展示，參加了兩伊戰爭。在「沙漠風暴」行動中，美國空軍的F-15C擊落了兩架「蛙足」。

蘇-25TM安裝了8個BD3-25重型通用掛架和兩個輕型PD-62-8外側掛架，輕型掛架用於攜帶空對空飛彈。即使內側掛架和中線掛架攜帶了800升副油箱，其餘的掛架仍可攜帶500千克的各種蘇制炸彈。

蘇-25的兩側外掛架可以攜帶MSP-410「奧木爾」電子戰吊艙，B-13火箭吊艙可裝載干擾誘餌。重新設計的翼尖吊艙內安裝的是雷達告警接收器和電子對抗設備的天線。

SYRACUSE
NY
174FW

機載武器

現代戰機可攜載的武器和支援設備可分為以下幾大類：擁有動力裝置的飛彈和火箭彈、無動力的炸彈和子彈藥布撒器，以及根據任務需要而搭配的功能性莢艙。

這裡所列武器系統大多代表一類採用相同設計的彈藥武器系列，特別是距離其服役時間越長，在經過不斷改進和完善後，它們的引導頭、推進系統和彈頭已與最初的型號已有較大不同，對此我們盡可能列出主要改進和後繼完善型號的性能情況。另外，發射彈藥，特別是飛彈武器系統的推進系統單元以及控制舵面具有一定的通用性，它們也可用於其他完全不同的武器系統，因此不少外形相似的彈藥系統，因其性能的差異完全分屬不同的彈藥。

此外，由於現代作戰飛機的尺寸或者大型戰機的內置負載艙的大小多年來始終變化不大，因此各類彈藥系列必須與戰機掛載點或內置負載艙相適應，因此新出現的武器系統在尺寸上也變化不大。空氣動力的因素也進一步限制了武器系統的外形設計，導致執行類似任務的空射武器，在外形上往往較為相似。對這些武器系統而言，關鍵的差別可能在於其內部制導系統或外部的控制舵面的不同。

空對空飛彈

AA-6「毒辣」（R-40T）飛彈

AA-6 ACRID（R-40T）

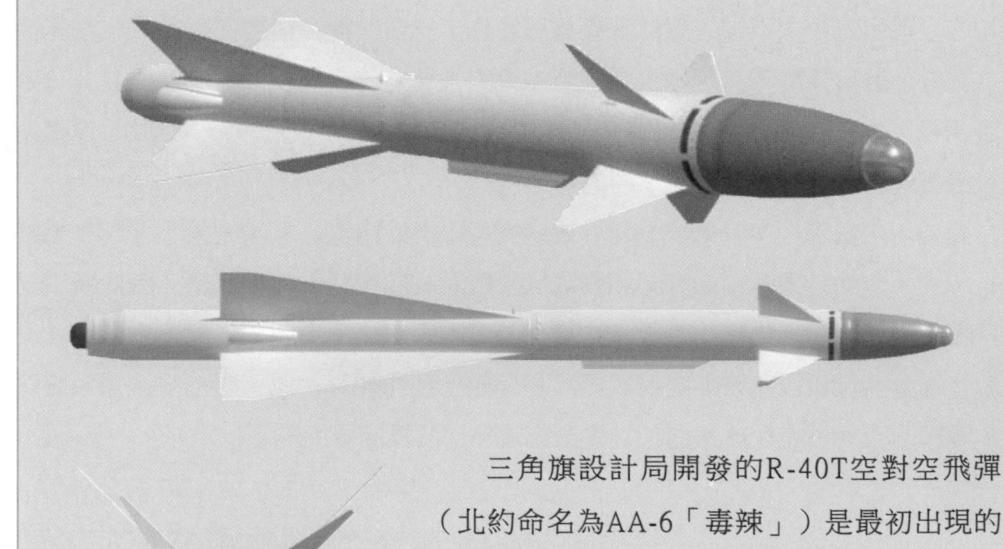

三角旗設計局開發的R-40T空對空飛彈（北約命名為AA-6「毒辣」）是最初出現的R-40遠程空對空飛彈的衍生型號，它主要用於裝備米格-25「狐蝠」截擊機。該飛彈系統於一九九一年結束生產，現在在已獨立的少數前蘇聯加盟共和國中仍有少量裝備。一九九一年海灣戰爭期間，該飛彈也曾被伊軍使用。

原產地：前蘇聯（俄羅斯）	重量：450千克
彈體直徑：310毫米（不含控制舵面）	彈體長度：5.98米
彈頭重量及類型：70千克高爆破片殺傷彈頭	舵面翼展：1.45米
射程：30～60千米	制導方式：紅外引導

AA-8「蚜蟲-B」（R-60M）飛彈

AA-8 APHID-B（R-60M）

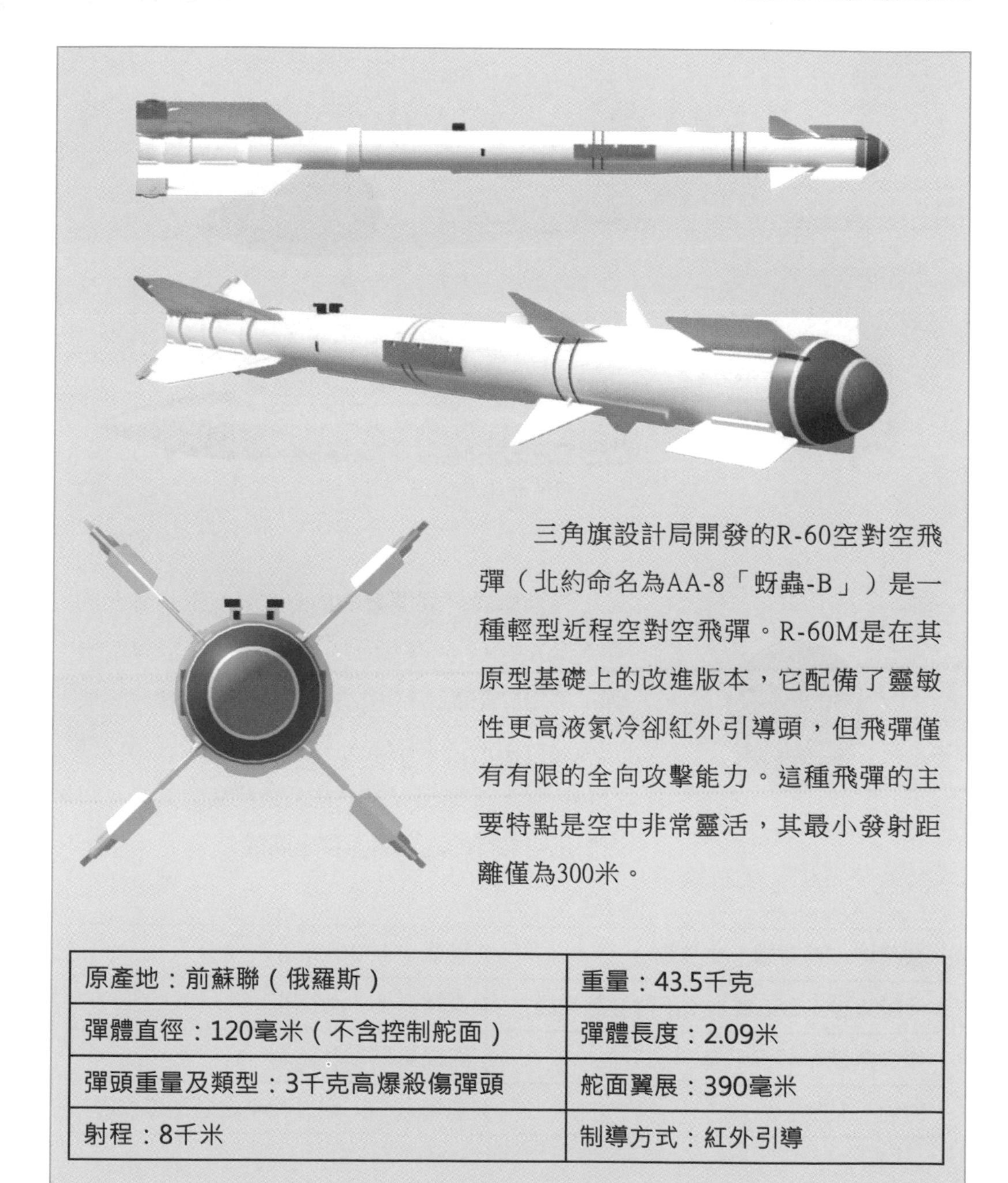

三角旗設計局開發的R-60空對空飛彈（北約命名為AA-8「蚜蟲-B」）是一種輕型近程空對空飛彈。R-60M是在其原型基礎上的改進版本，它配備了靈敏性更高液氮冷卻紅外引導頭，但飛彈僅有有限的全向攻擊能力。這種飛彈的主要特點是空中非常靈活，其最小發射距離僅為300米。

原產地：前蘇聯（俄羅斯）	重量：43.5千克
彈體直徑：120毫米（不含控制舵面）	彈體長度：2.09米
彈頭重量及類型：3千克高爆殺傷彈頭	舵面翼展：390毫米
射程：8千米	制導方式：紅外引導

AA-9「阿莫斯」(R-33E)飛彈
AA-9 AMOS(R-33E)

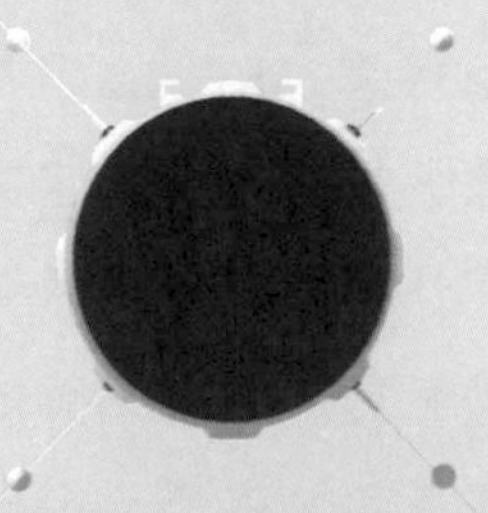

三角旗設計局開發的R-33空對空飛彈(北約命名為AA-9「阿莫斯」)是一種遠程空對空飛彈,專用於配備米格-31「捕狐犬」截擊機。它最初被設計用於從遠距離外對美國的超音速轟炸機發起攻擊。後繼出現的一些型號經過改進後,也可對低空飛行的巡弋飛彈實施攔截。

原產地:前蘇聯(俄羅斯)	重量:490千克
彈體直徑:380毫米(不含控制舵面)	彈體長度:4.15米
彈頭重量:47.5千克	舵面翼展:1.16米
射程:130千米	制導方式:慣性和半主動雷達引導

AA-10「阿拉莫-A」（R-27R）飛彈
AA-10 ALAMO-A（R27R）RADAR-GUIDED MISSILE

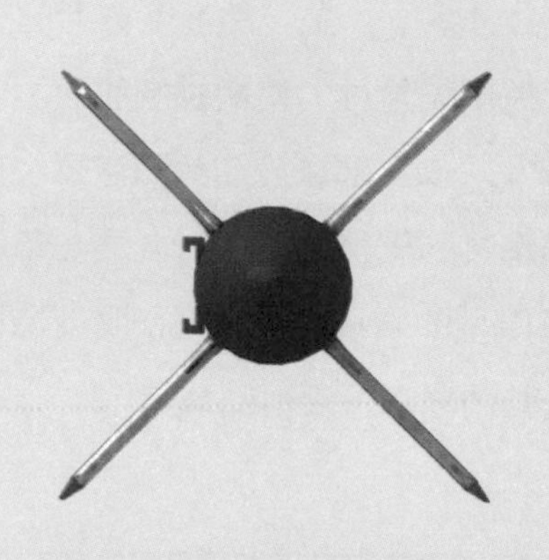

三角旗設計局開發的R-27R空對空飛彈（北約命名為AA-10「阿拉莫-A」），是一種半主動雷達引導的中、遠程空對空飛彈，它可由米格-29「支點」和蘇-27「側衛」空優戰鬥機掛載。該飛彈也被授權給國外生產使用。

原產地：前蘇聯（俄羅斯）	重量：253千克
彈體直徑：230毫米（不含控制舵面）	彈體長度：4.08米
彈頭重量及類型：39千克高爆破片殺傷彈頭	舵面翼展：772毫米
射程：0.2～80千米	制導方式：半主動雷達引導

AA-11「射手」（R-73E）飛彈

AA-11 (R37E) IR MISSILE

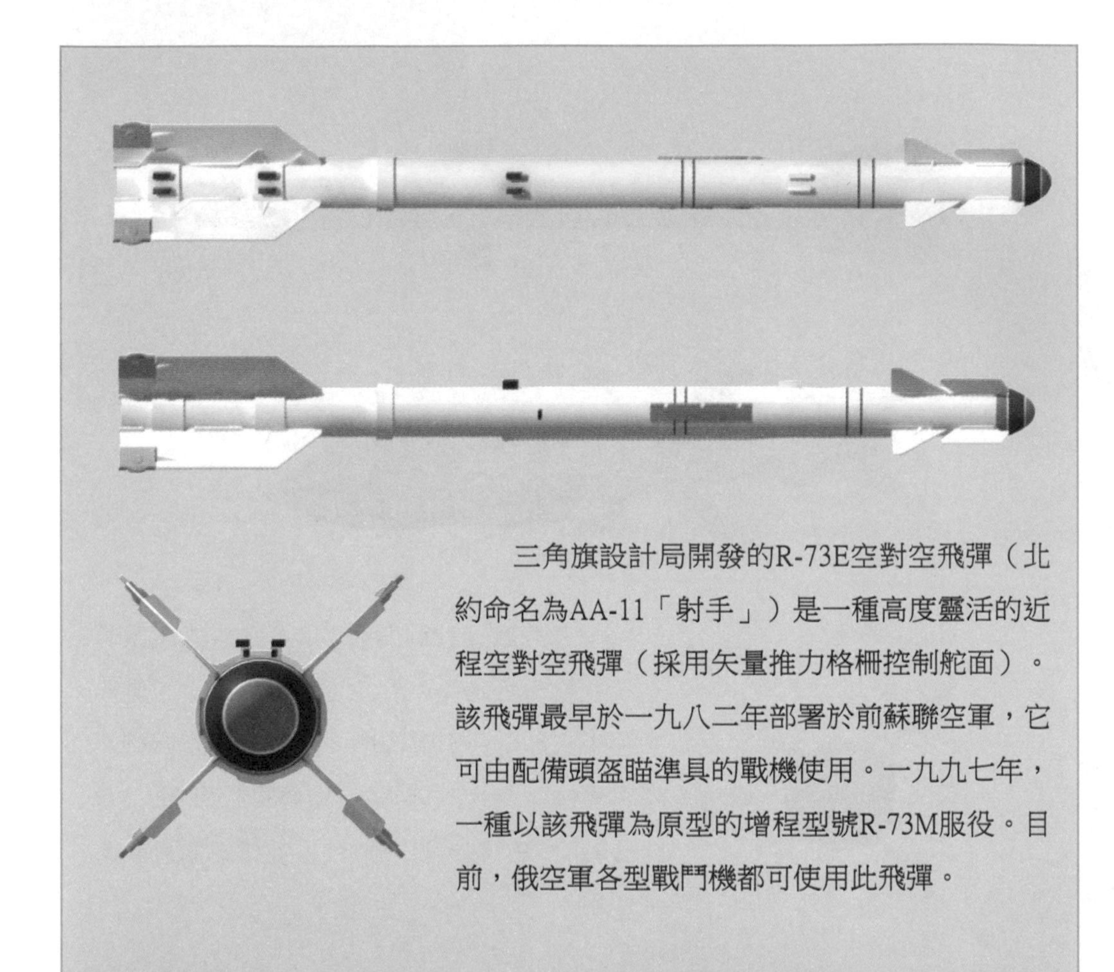

三角旗設計局開發的R-73E空對空飛彈（北約命名為AA-11「射手」）是一種高度靈活的近程空對空飛彈（採用矢量推力格柵控制舵面）。該飛彈最早於一九八二年部署於前蘇聯空軍，它可由配備頭盔瞄準具的戰機使用。一九九七年，一種以該飛彈為原型的增程型號R-73M服役。目前，俄空軍各型戰鬥機都可使用此飛彈。

原產地：前蘇聯（俄羅斯）	重量：105千克
彈體直徑：170毫米（不含控制舵面）	彈體長度：2.90米
彈頭重量及類型：7.4千克高爆殺傷彈頭	舵面翼展：510毫米
射程：20千米	制導方式：全向式紅外引導

AA-12「蝰蛇」（R-77）飛彈
AA-12 ADDER (R-77)

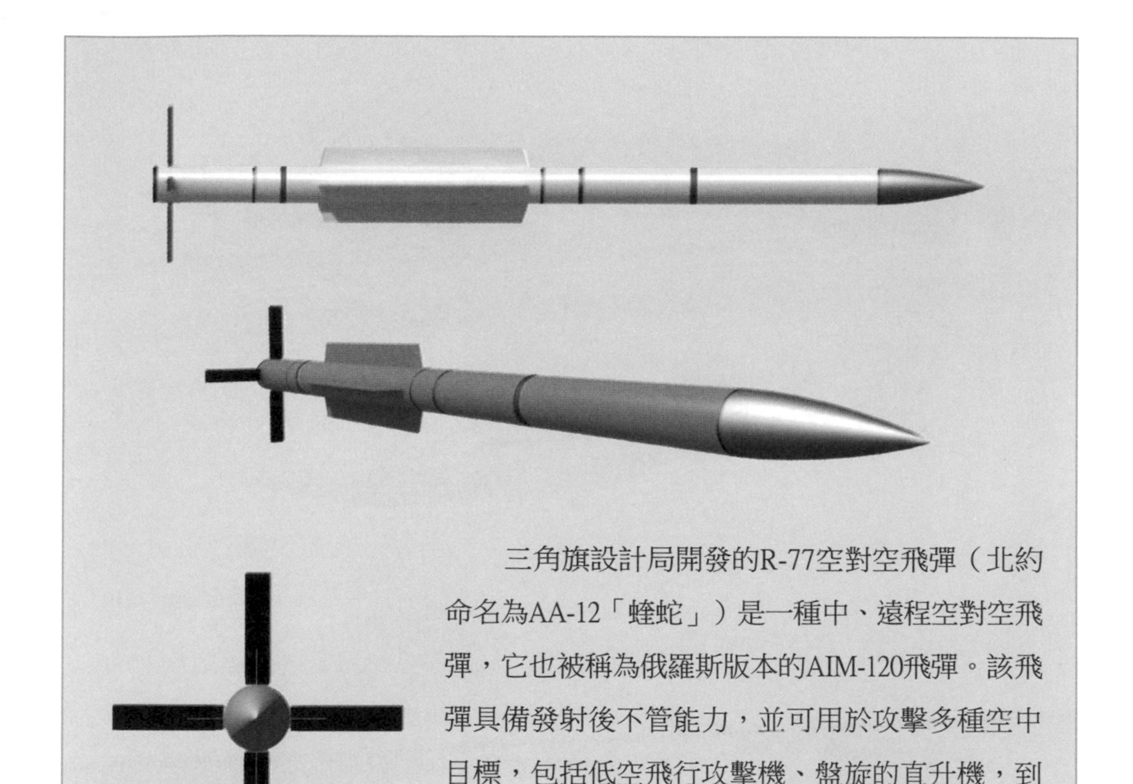

三角旗設計局開發的R-77空對空飛彈（北約命名為AA-12「蝰蛇」）是一種中、遠程空對空飛彈，它也被稱為俄羅斯版本的AIM-120飛彈。該飛彈具備發射後不管能力，並可用於攻擊多種空中目標，包括低空飛行攻擊機、盤旋的直升機，到巡弋飛彈，甚至對方的重型防空飛彈，如「愛國者」防空攔截彈等。

原產地：俄羅斯	重量：175千克
彈體直徑：200毫米（不含控制舵面）	彈體長度：3.6米
彈頭重量及類型：22千克高爆殺傷彈頭	舵面翼展：350毫米
射程：90千米	制導方式：慣性和終端主動雷達引導

AA-13「箭」（R-37）飛彈
AA-13 ARROW (R-37)

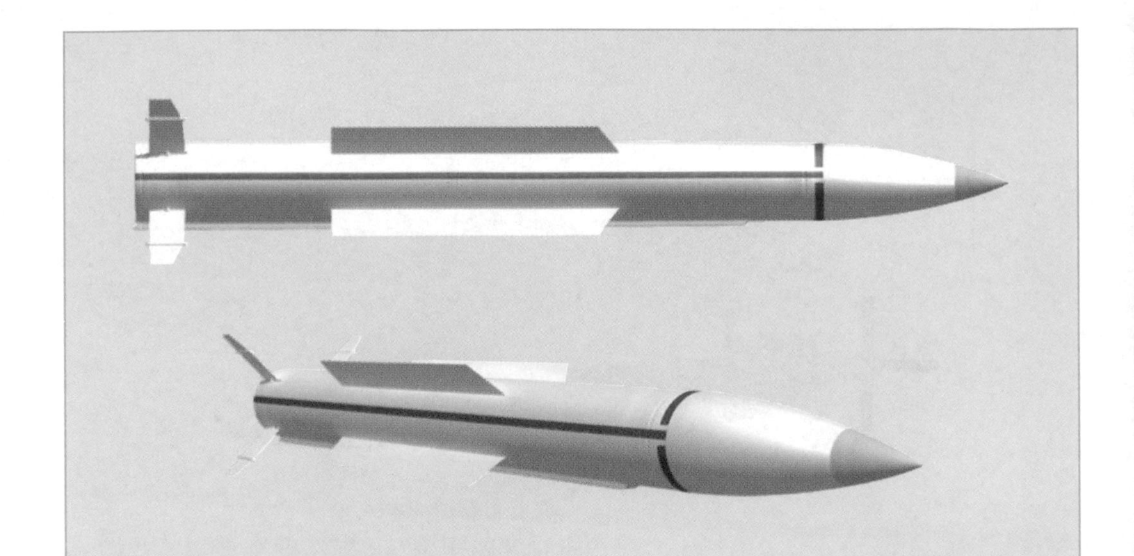

三角旗設計局開發的R-37空對空飛彈（北約命名為AA-13「箭」），是一種超遠程空對空飛彈。其研製與測試一直持續了整個九〇年代，也是俄軍下一代戰鬥機的主要武器。目前，俄軍米格-31BM截擊機、蘇-35BM等多種主力戰機都配備該型飛彈。同時，它還有一種重要的改型R-37M。

原產地：俄羅斯	重量：600千克
彈體直徑：380毫米（不含控制舵面）	彈體長度：4.20米
彈頭類型：高爆破片殺傷彈頭	舵面翼展：700毫米
射程：150～298千米	制導方式：慣性、半主動和主動雷達引導

AIM-7F「麻雀」飛彈

AIM-7F SPARROW

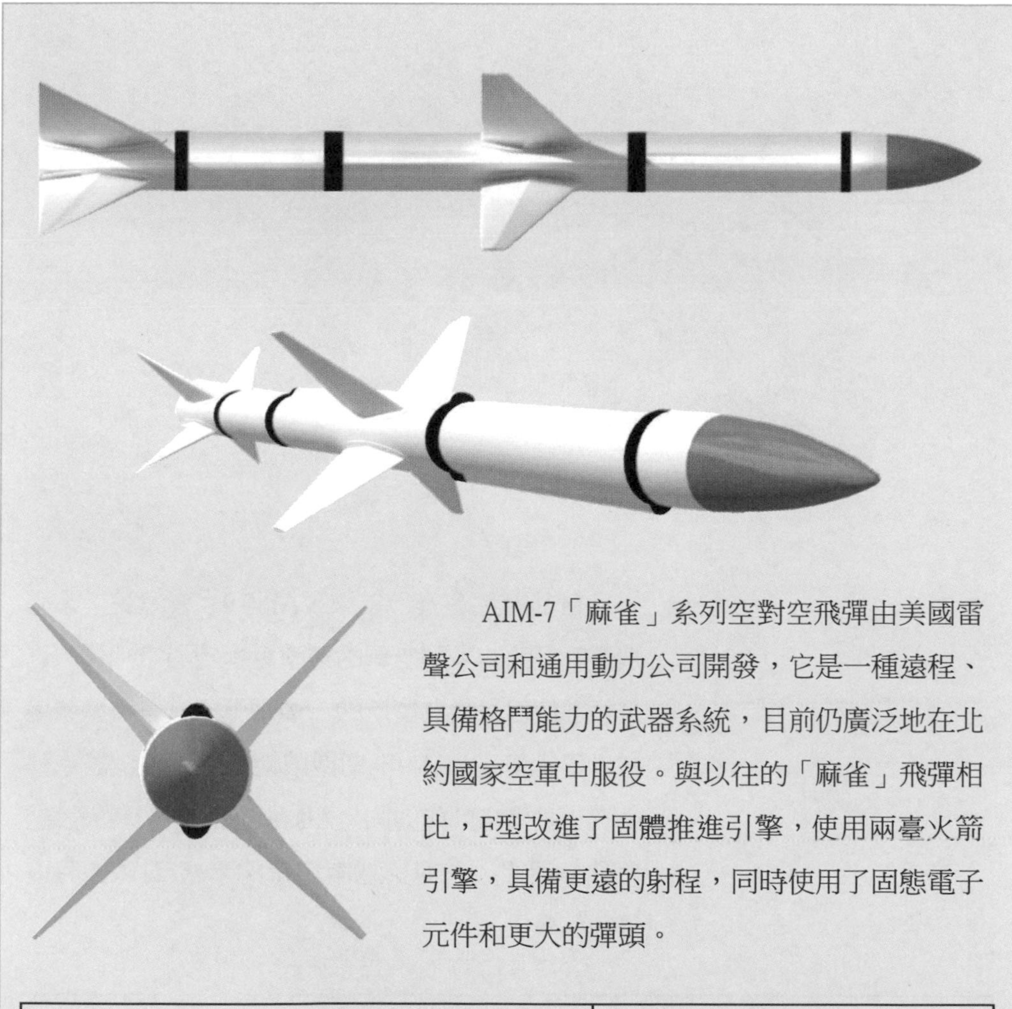

AIM-7「麻雀」系列空對空飛彈由美國雷聲公司和通用動力公司開發，它是一種遠程、具備格鬥能力的武器系統，目前仍廣泛地在北約國家空軍中服役。與以往的「麻雀」飛彈相比，F型改進了固體推進引擎，使用兩臺火箭引擎，具備更遠的射程，同時使用了固態電子元件和更大的彈頭。

原產地：美國	重量：230千克
彈體直徑：200毫米（不含控制舵面）	彈體長度：3.70米
彈頭重量及類型：40千克高爆殺傷彈頭	舵面翼展：810毫米
射程：50千米	制導方式：半主動雷達引導

AIM-9J「響尾蛇」飛彈
AIM-9J SIDEWINDER

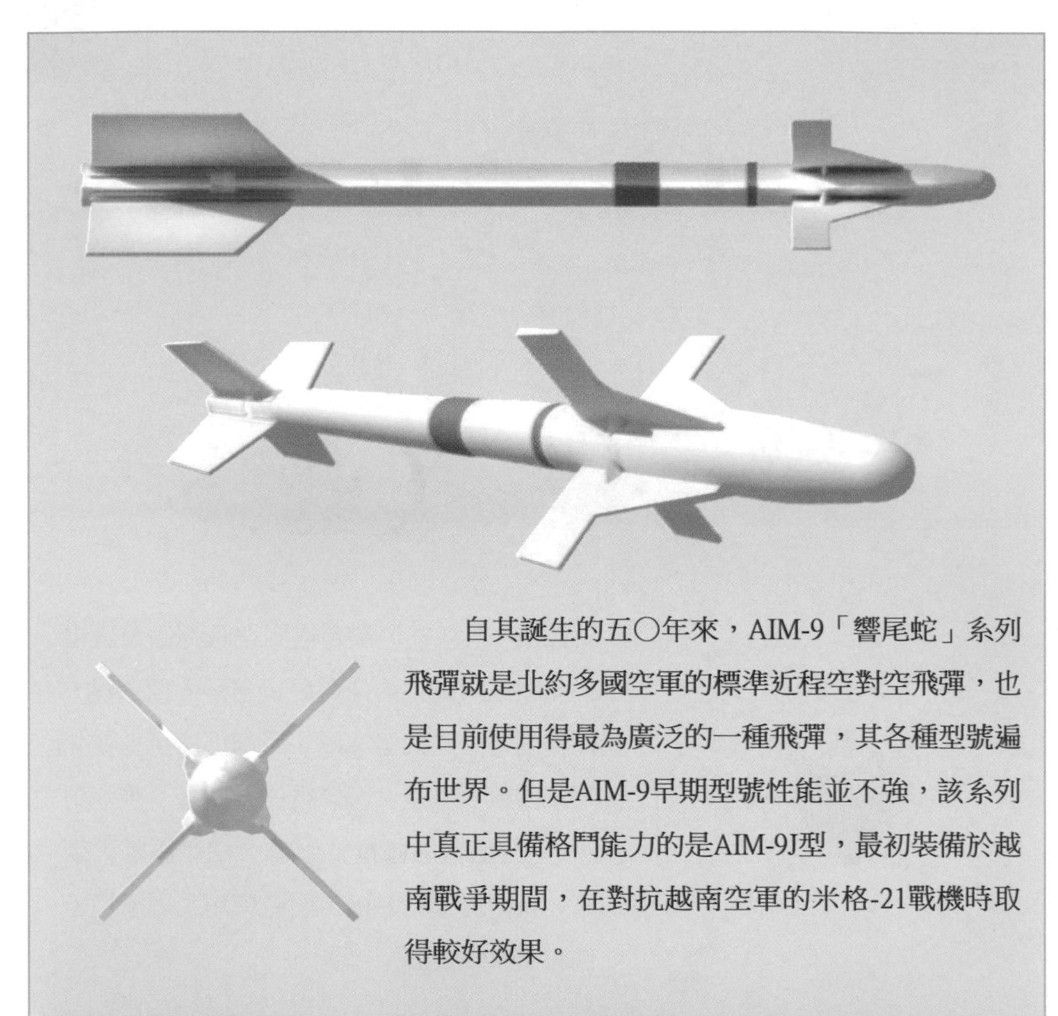

自其誕生的五〇年來，AIM-9「響尾蛇」系列飛彈就是北約多國空軍的標準近程空對空飛彈，也是目前使用得最為廣泛的一種飛彈，其各種型號遍布世界。但是AIM-9早期型號性能並不強，該系列中真正具備格鬥能力的是AIM-9J型，最初裝備於越南戰爭期間，在對抗越南空軍的米格-21戰機時取得較好效果。

原產地：美國	重量：91千克
彈體直徑：127毫米（不含控制舵面）	彈體長度：2.85米
彈頭重量及類型：9.4千克高爆殺傷彈頭	舵面翼展：630毫米
射程：1～18千米	制導方式：紅外引導

AIM-9L「響尾蛇」飛彈
AIM-9L SIDEWINDER

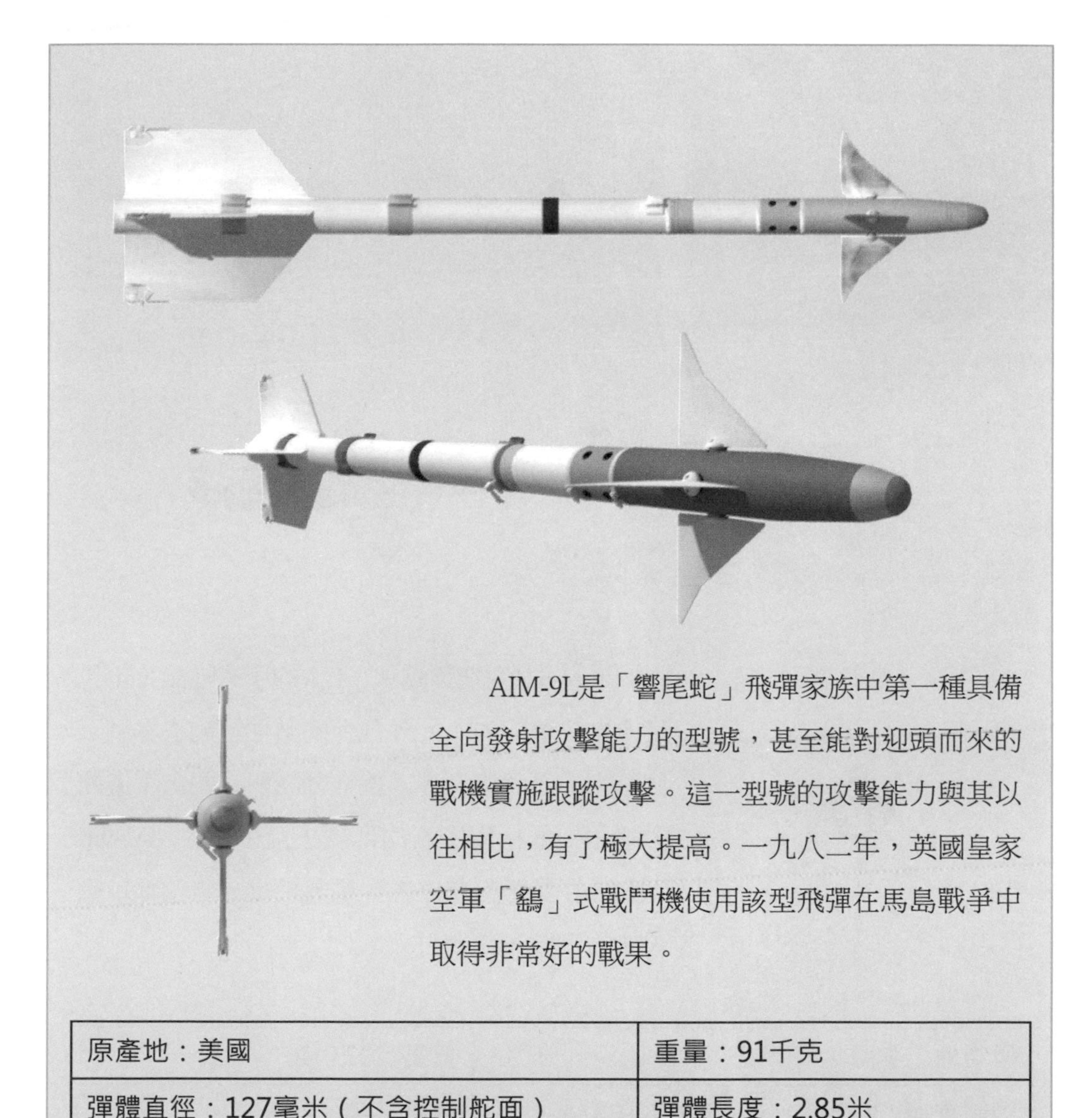

AIM-9L是「響尾蛇」飛彈家族中第一種具備全向發射攻擊能力的型號，甚至能對迎頭而來的戰機實施跟蹤攻擊。這一型號的攻擊能力與其以往相比，有了極大提高。一九八二年，英國皇家空軍「鷂」式戰鬥機使用該型飛彈在馬島戰爭中取得非常好的戰果。

原產地：美國	重量：91千克
彈體直徑：127毫米（不含控制舵面）	彈體長度：2.85米
彈頭重量及類型：9.4千克高爆殺傷彈頭	舵面翼展：630毫米
射程：1～18千米	制導方式：紅外引導

AIM-9M「響尾蛇」飛彈
AIM-9M SIDEWINDER

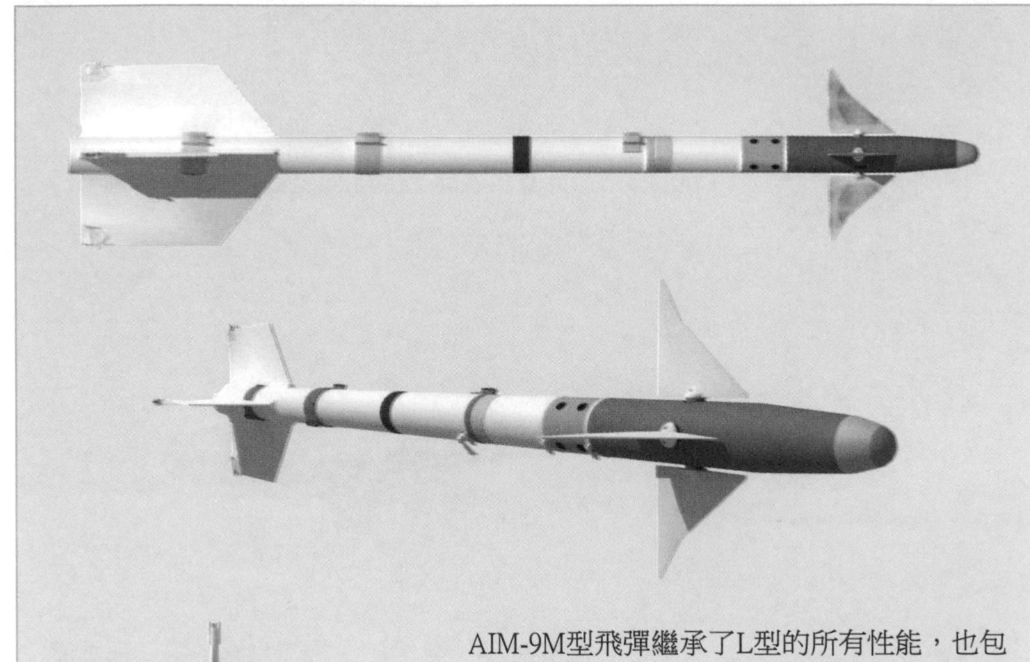

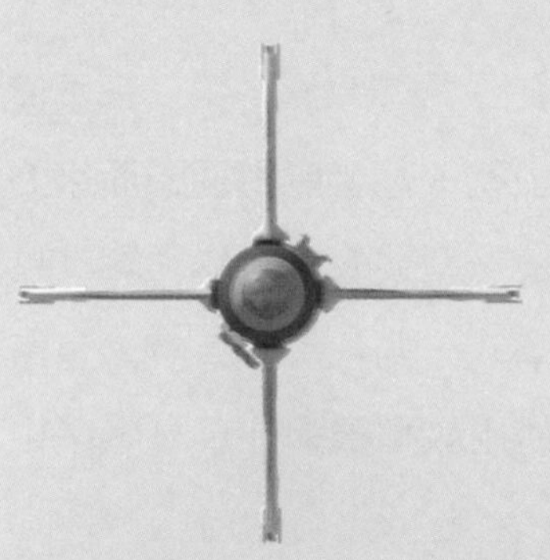

AIM-9M型飛彈繼承了L型的所有性能，也包括全向攻擊能力，此外飛彈的其他性能也得到不同程度的全面提升，其對紅外誘餌彈的抗干擾能力增強，並換用了新的低煙火箭引擎。AIM-9M型飛彈在其服役年限內，還易於進一步改進以應付新的干擾和威脅。

原產地：美國	重量：91千克
彈體直徑：127毫米（不含控制舵面）	彈體長度：2.85米
彈頭重量及類型：9.4千克高爆殺傷彈頭	舵面翼展：630毫米
射程：1～18千米	制導方式：紅外引導

AIM-9P「響尾蛇」飛彈
AIM-9P SIDEWINDER

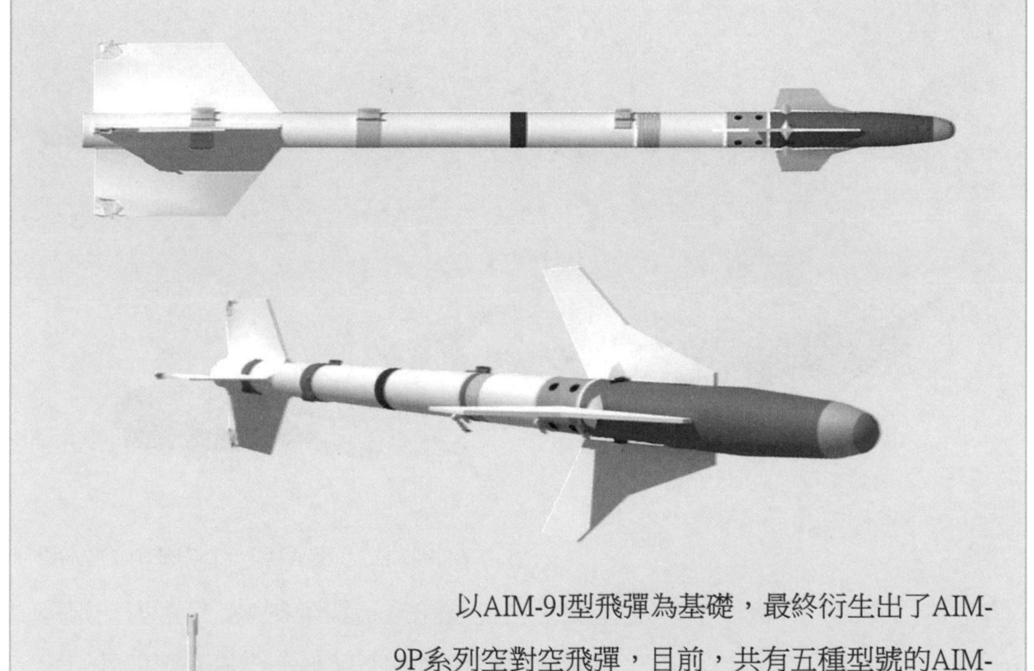

以AIM-9J型飛彈為基礎，最終衍生出了AIM-9P系列空對空飛彈，目前，共有五種型號的AIM-9P飛彈在役。在性能上，P型具備L型的全向攻擊能力，並提升了彈頭引信的性能。一家德國公司還開發出改裝套件，可迅速將J型的制導和控制系統性能指標升級為與P型標準相同的飛彈。

原產地：美國	重量：91千克
彈體直徑：127毫米（不含控制舵面）	彈體長度：2.85米
彈頭重量及類型：9.4千克高爆殺傷彈頭	舵面翼展：630毫米
射程：1~18千米	制導方式：紅外引導

AIM-9X「響尾蛇」飛彈
AIM-9X SIDEWINDER

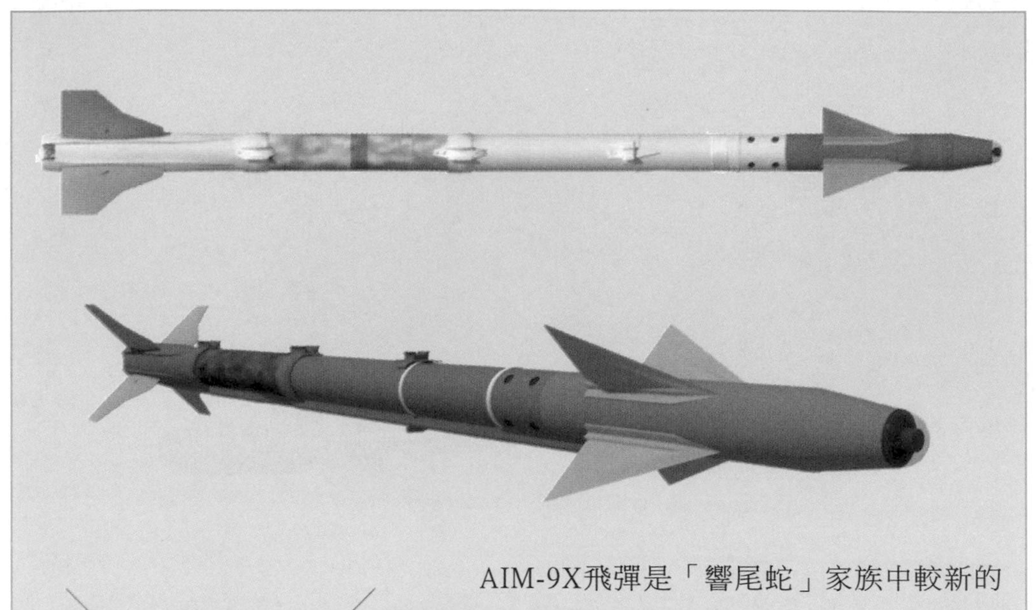

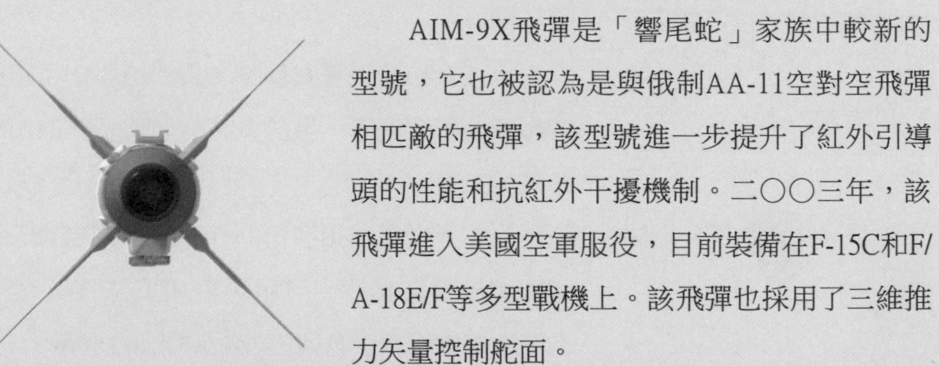

AIM-9X飛彈是「響尾蛇」家族中較新的型號，它也被認為是與俄制AA-11空對空飛彈相匹敵的飛彈，該型號進一步提升了紅外引導頭的性能和抗紅外干擾機制。二〇〇三年，該飛彈進入美國空軍服役，目前裝備在F-15C和F/A-18E/F等多型戰機上。該飛彈也採用了三維推力矢量控制舵面。

原產地：美國	重量：91千克
彈體直徑：127毫米（不含控制舵面）	彈體長度：3.02米
彈頭重量及類型：9.4千克高爆殺傷彈頭	舵面翼展：445毫米
射程：1~40千米	制導方式：紅外引導

AIM-120「阿姆拉姆」飛彈
AIM-120 AMRAAM

AIM-120先進中程空對空飛彈（「阿姆拉姆」）是一種先進的越視距中遠程空對空飛彈系統，它具備全天候、晝/夜使用能力。未來，這種飛彈將逐步替換北約等國空軍所裝備的老式AIM-7「麻雀」中程飛彈。它的尺寸、重量比AIM-7更小，但速度更快，對低空飛行目標也有較高的命中率。

原產地：美國	重量：152千克
彈體直徑：178毫米（不含控制舵面）	彈體長度：3.66米
彈頭類型：高爆殺傷彈頭	舵面翼展：526毫米
射程：48千米	制導方式：慣性導航、主動雷達引導

AIM-132「阿斯拉姆」（ASRAAM）飛彈

AIM-132 ASRAAM

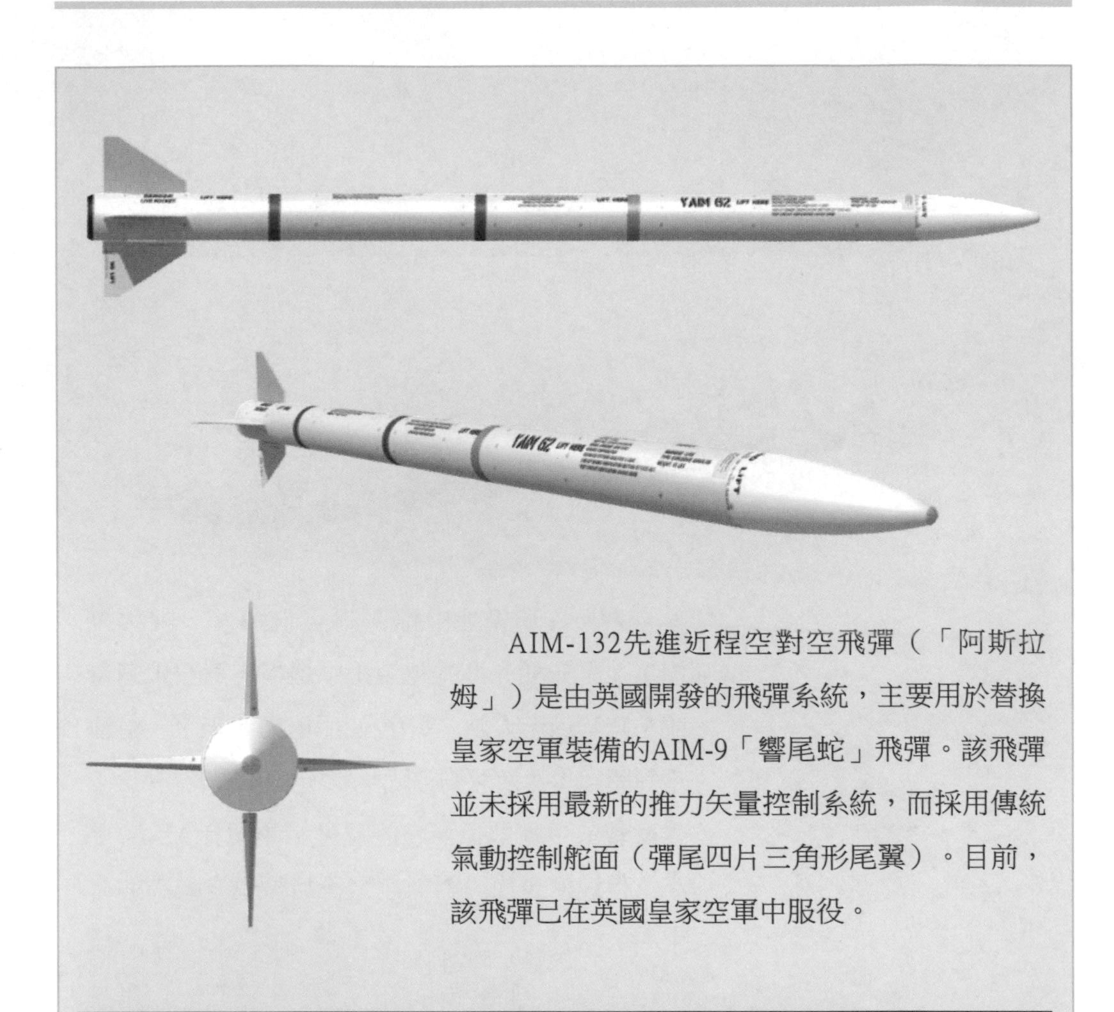

AIM-132先進近程空對空飛彈（「阿斯拉姆」）是由英國開發的飛彈系統，主要用於替換皇家空軍裝備的AIM-9「響尾蛇」飛彈。該飛彈並未採用最新的推力矢量控制系統，而採用傳統氣動控制舵面（彈尾四片三角形尾翼）。目前，該飛彈已在英國皇家空軍中服役。

产地：英国	重量：100千克
弹体直径：168毫米（不含控制舵面）	弹体长度：2.73米
弹头重量及类型：10千克高爆杀伤弹头	舵面翼展：450毫米
射程：0.3～15千米	制导方式：红外、捷联式惯性导航引导

「鏢手」（DARTER）飛彈
DARTER

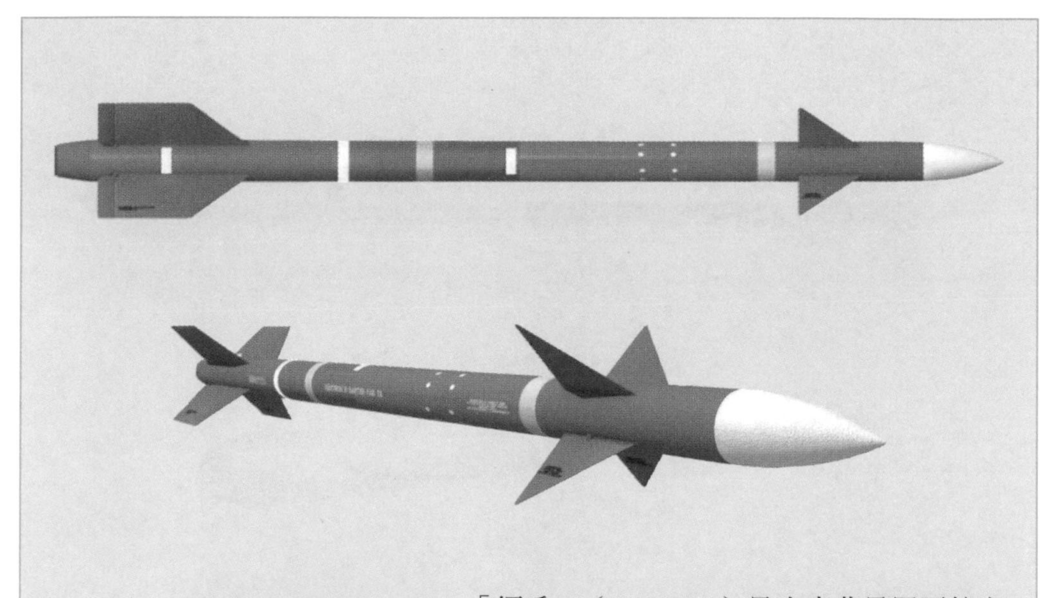

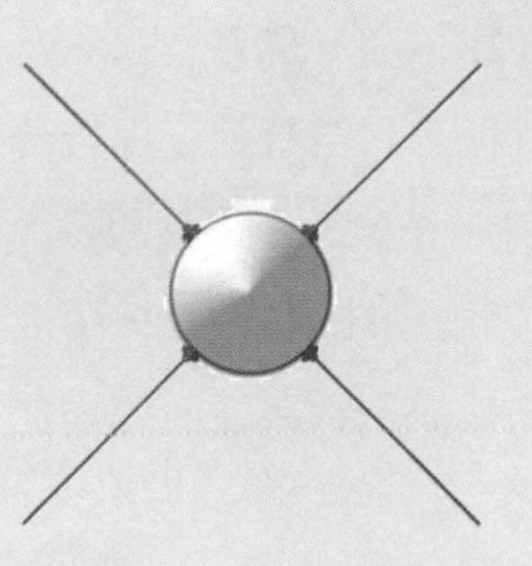

「鏢手」（DARTER）是由南非丹尼爾航空系統公司與巴西邁創（Mectron）公司聯合開發的近程空對空飛彈系統，現主要裝備巴西空軍。該飛彈研製成功後，開發公司亦以其為基礎開發了雷達制導的超視距型號R-Darter，原型稱為A-Darter。後來，南非和巴基斯坦空軍也採用這種飛彈。

原產地：南非/巴西	重量：89千克
彈體直徑：166毫米（不含控制舵面）	彈體長度：2.98米
彈頭類型：高爆殺傷彈頭	舵面翼展：488毫米
射程：不詳	制導方式：紅外引導

IRIS-T飛彈
IRIS-T

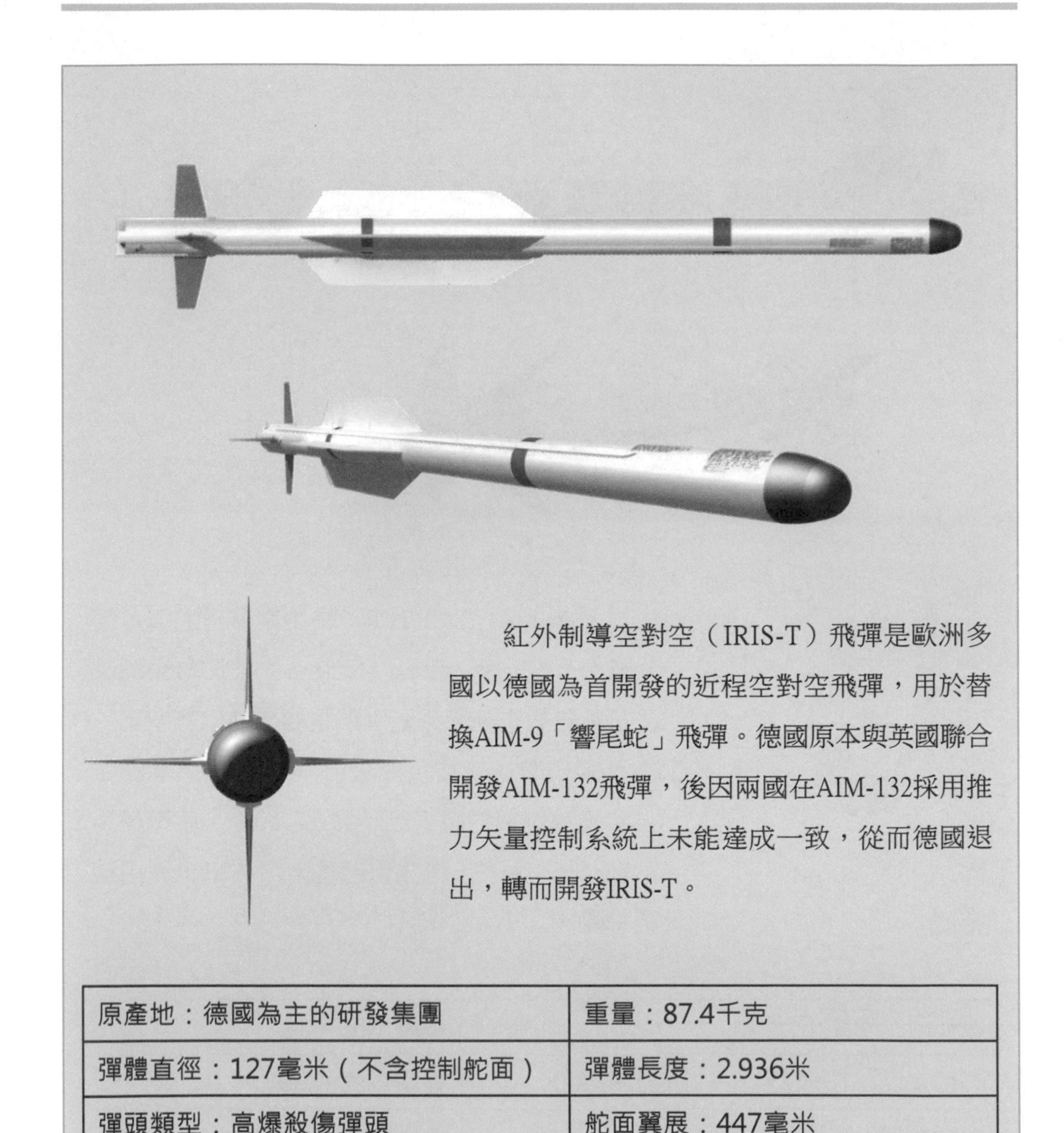

紅外制導空對空（IRIS-T）飛彈是歐洲多國以德國為首開發的近程空對空飛彈，用於替換AIM-9「響尾蛇」飛彈。德國原本與英國聯合開發AIM-132飛彈，後因兩國在AIM-132採用推力矢量控制系統上未能達成一致，從而德國退出，轉而開發IRIS-T。

原產地：德國為主的研發集團	重量：87.4千克
彈體直徑：127毫米（不含控制舵面）	彈體長度：2.936米
彈頭類型：高爆殺傷彈頭	舵面翼展：447毫米
射程：25千米	制導方式：紅外引導

馬特拉R550「魔術」飛彈
MATRA R550 MAGIC

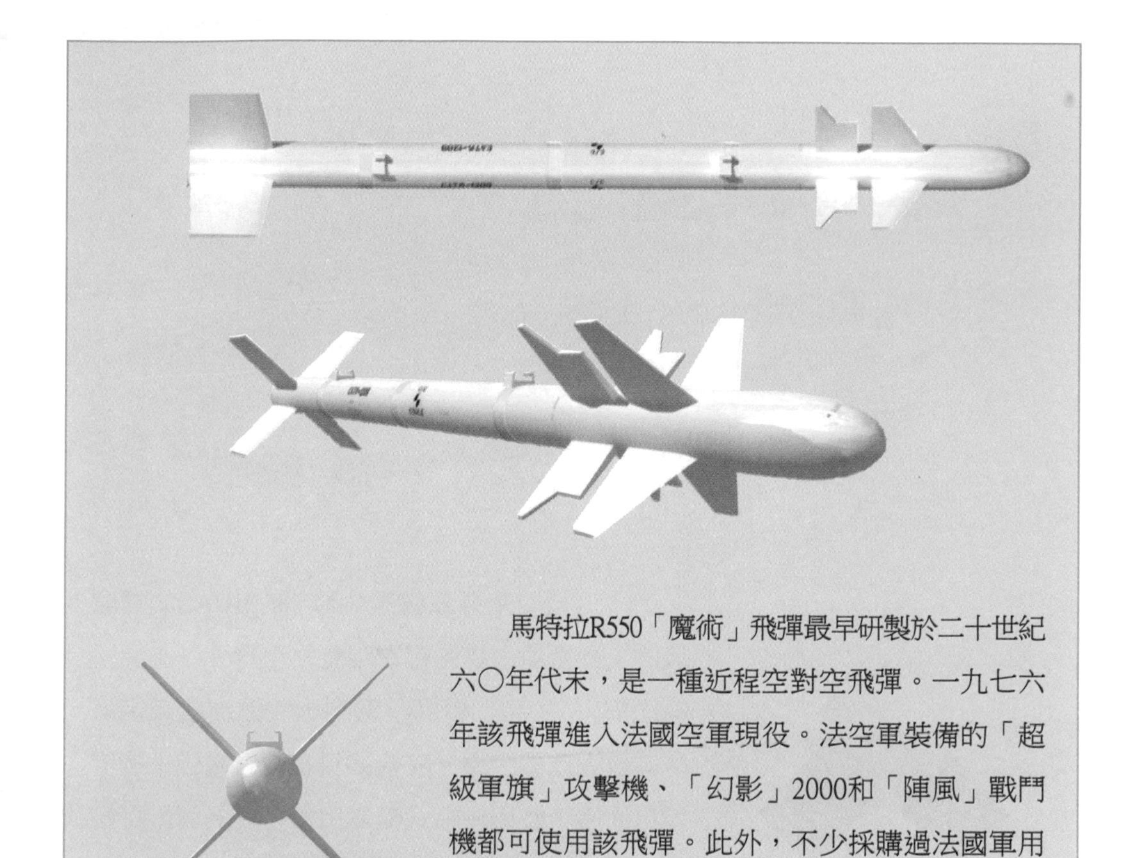

馬特拉R550「魔術」飛彈最早研製於二十世紀六〇年代末，是一種近程空對空飛彈。一九七六年該飛彈進入法國空軍現役。法空軍裝備的「超級軍旗」攻擊機、「幻影」2000和「陣風」戰鬥機都可使用該飛彈。此外，不少採購過法國軍用戰機的國家也擁有這種飛彈。目前，該飛彈已逐漸被MBDA集團的「米卡」近程飛彈所取代。

原產地：法國	重量：89千克
彈體直徑：157毫米（不含控制舵面）	彈體長度：2.72米
彈頭重量及類型：13千克高爆殺傷彈頭	舵面翼展：不詳
射程：0.3～15千米	制導方式：紅外引導

「流星」飛彈
METEOR

「流星」飛彈系統是由歐洲MBDAS集團開發的主動雷達引導的超視距空對空飛彈，主要用於配備EF-2000「颱風」戰鬥機和歐洲國家裝備的其他先進戰鬥機。該飛彈可在複雜電磁干擾環境中使用，使用沖壓式噴氣引擎，並具備針對靈活目標的多發攻擊能力。

原產地：英/法/德/意	重量：185千克
彈體直徑：178毫米（不含控制舵面）	彈體長度：3.65米
彈頭類型：高爆殺傷彈頭	舵面翼展：不詳
射程：100千米以上	制導方式：中段慣性導航、末端主動雷達引導

「米卡」-RF飛彈
MICA RF

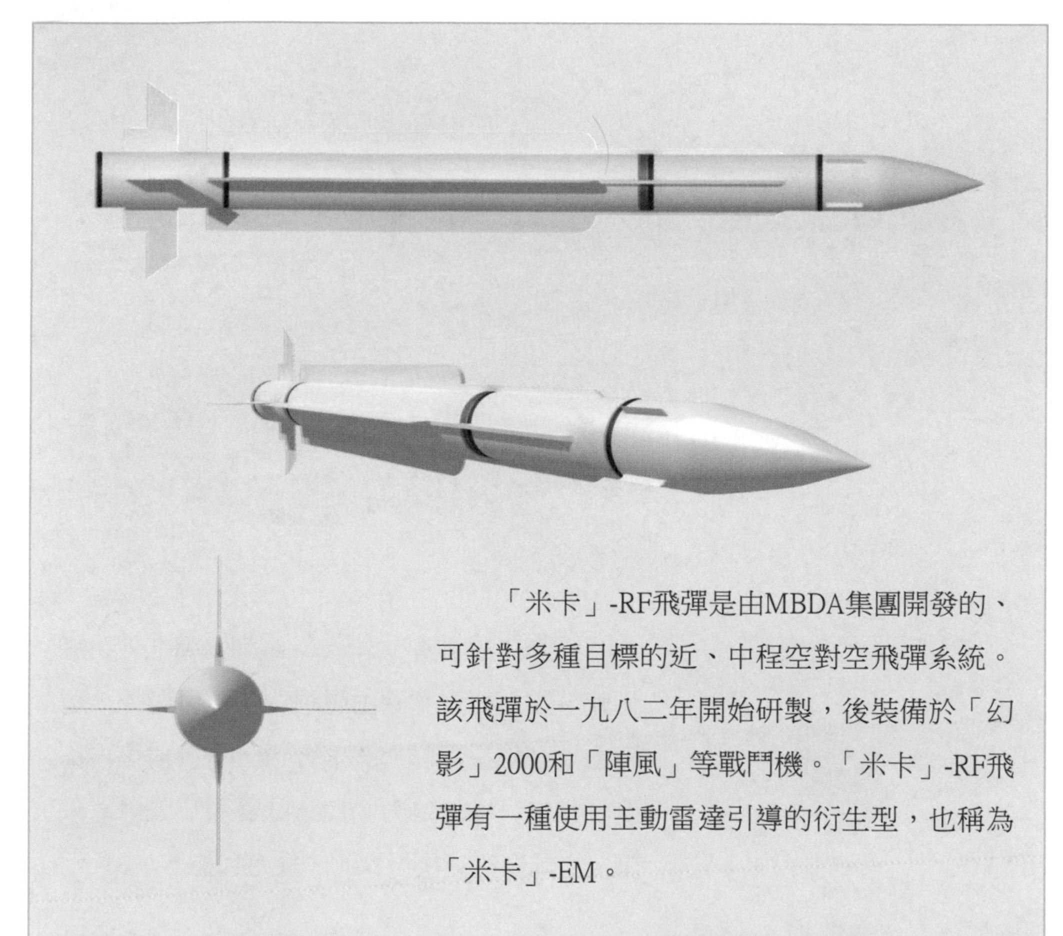

「米卡」-RF飛彈是由MBDA集團開發的、可針對多種目標的近、中程空對空飛彈系統。該飛彈於一九八二年開始研製，後裝備於「幻影」2000和「陣風」等戰鬥機。「米卡」-RF飛彈有一種使用主動雷達引導的衍生型，也稱為「米卡」-EM。

原產地：英/法/德/意	重量：112千克
彈體直徑：160毫米（不含控制舵面）	彈體長度：3.1米
彈頭重量及類型：12千米高爆聚能碎片式彈頭	舵面翼展：560毫米
射程：0.5～60千米	制導方式：中段慣性導航、末端主動雷達引導

「米卡」-IR飛彈

MICA IR

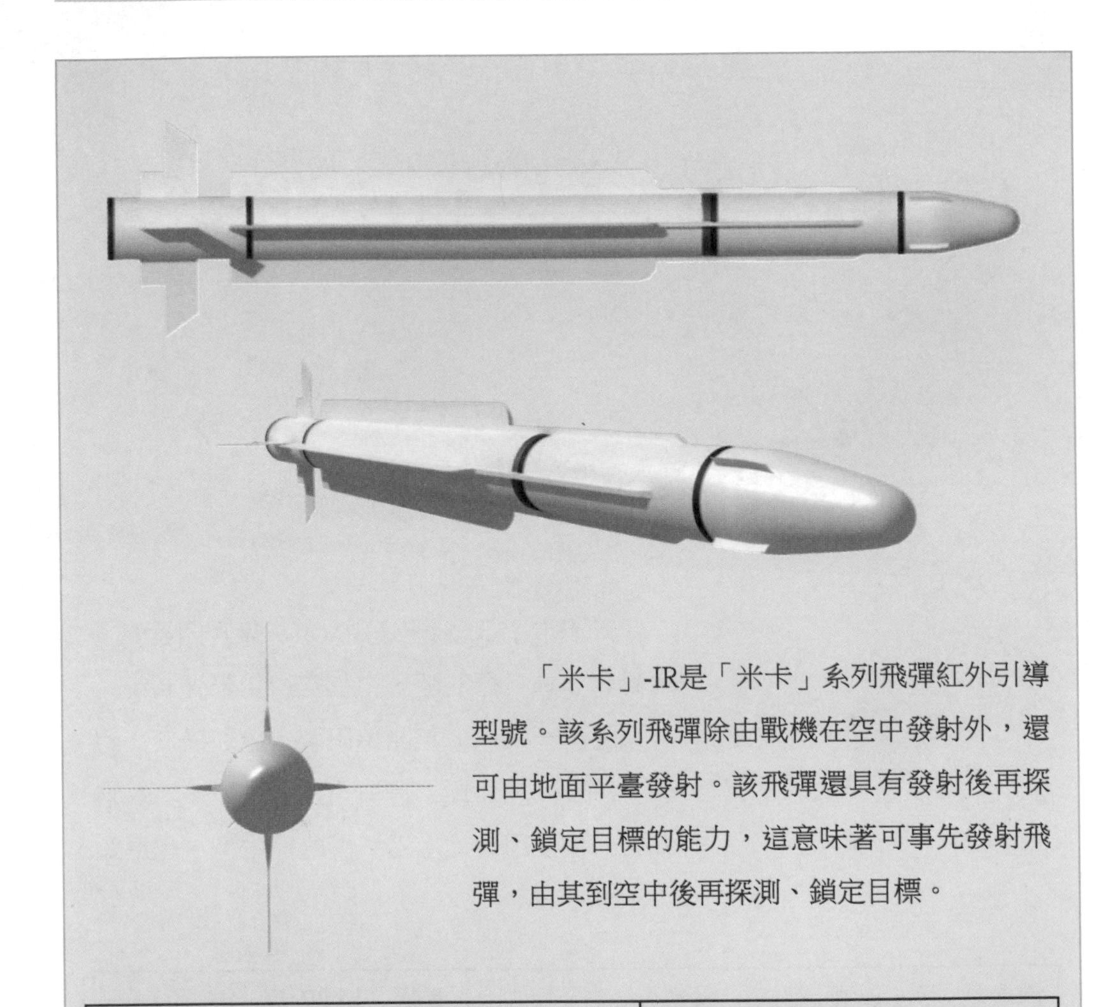

「米卡」-IR是「米卡」系列飛彈紅外引導型號。該系列飛彈除由戰機在空中發射外，還可由地面平臺發射。該飛彈還具有發射後再探測、鎖定目標的能力，這意味著可事先發射飛彈，由其到空中後再探測、鎖定目標。

原產地：英/法/德/意	重量：112千克
彈體直徑：160毫米（不含控制舵面）	彈體長度：3.1米
彈頭重量及類型：12千克高爆聚能碎片式彈頭	舵面翼展：560毫米
射程：0.5～60千米	制導方式：紅外引導

「西北風」飛彈
MISTRAL

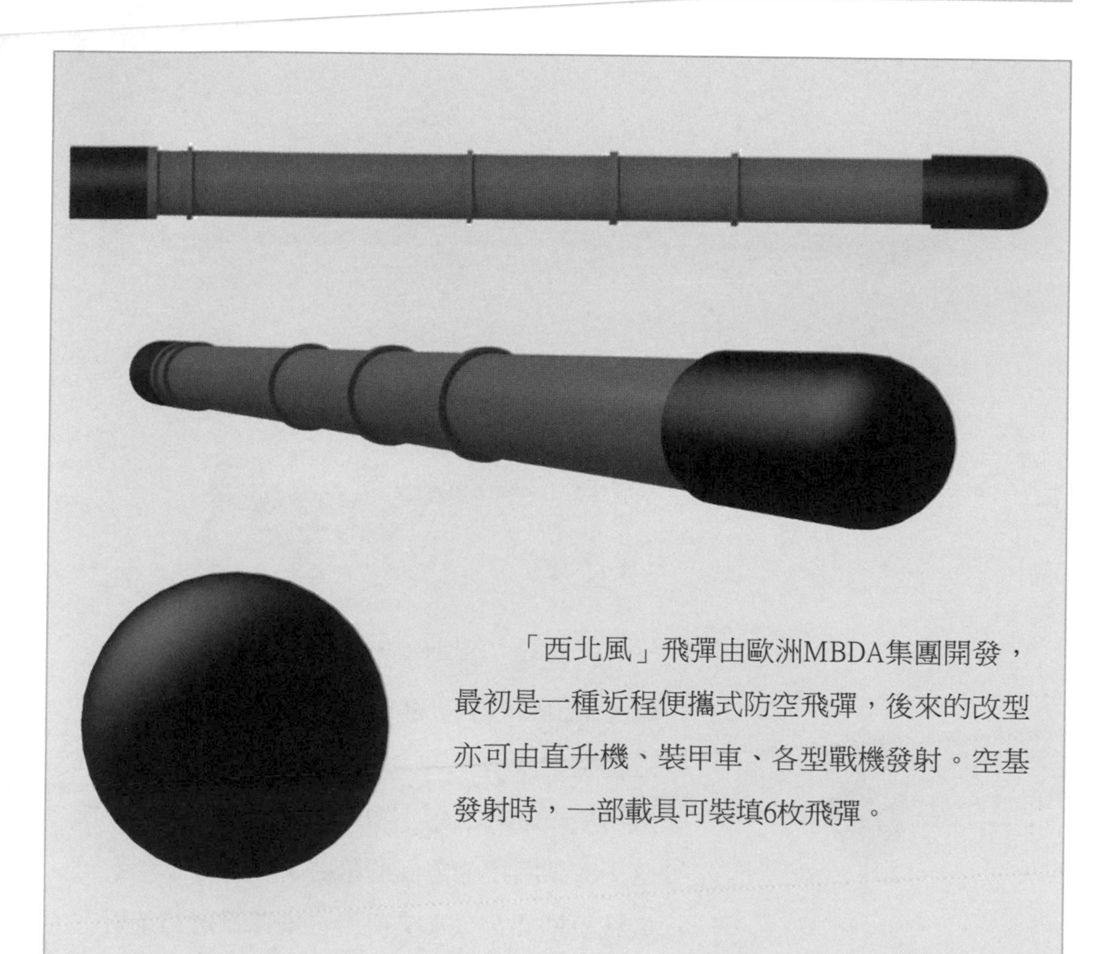

「西北風」飛彈由歐洲MBDA集團開發，最初是一種近程便攜式防空飛彈，後來的改型亦可由直升機、裝甲車、各型戰機發射。空基發射時，一部載具可裝填6枚飛彈。

原產地：英/法/德/意	重量：29.5千克
彈體直徑：90毫米（不含控制舵面）	彈體長度：1.86米
彈頭類型：高爆殺傷彈頭	舵面翼展：不詳
射程：5.3千米	制導方式：紅外引導

「怪蛇」飛彈
PYTHON

「怪蛇」系列空對空飛彈最初也稱為「蜻蜓（Shafrir）」，是以色列拉菲爾集團開發的近程空對空飛彈。「蜻蜓-2」曾被廣泛以軍戰機用於一九七三年「贖罪日」戰爭，戰爭中擊落了89架阿拉伯方面的飛機；一九八二年黎巴嫩戰爭期間，以軍又使用該飛彈擊落35架對方戰機。

原產地：以色列	重量：103.6千克
彈體直徑：160毫米（不含控制舵面）	彈體長度：3.1米
彈頭重量：11千米	舵面翼展：640毫米
射程：20千米	制導方式：雙波段光電成像引導頭

空對地飛彈及彈藥

AASM飛彈

AASM

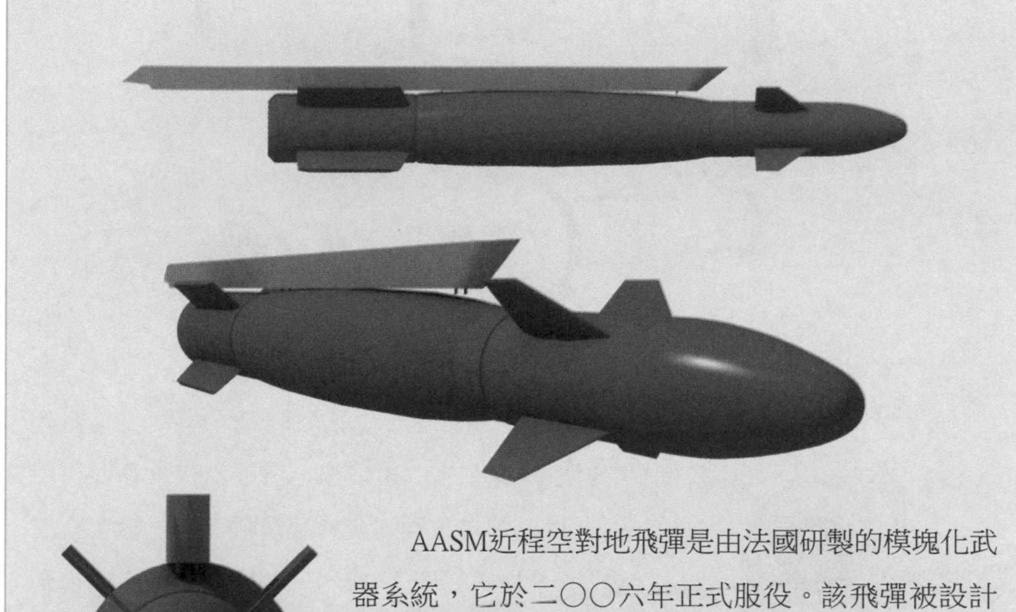

AASM近程空對地飛彈是由法國研製的模塊化武器系統，它於二〇〇六年正式服役。該飛彈被設計用於穿透多層防護並在目標內部爆炸，可用於攻擊地下目標。攻擊時，飛彈在彈道末端可躍起並從高空俯衝，以便獲得更大的動能。

原產地：法國	重量：340千克
彈體直徑：不詳	彈體長度：3.10米
彈頭重量及類型：250千米標準高爆彈頭或鑽地彈頭	舵面翼展：不詳
射程：15～60千米以上（取決於發射高度）	制導方式：GPS/慣性混合制導

AGM-65「幼畜」飛彈
AGM-65 MAVERICK

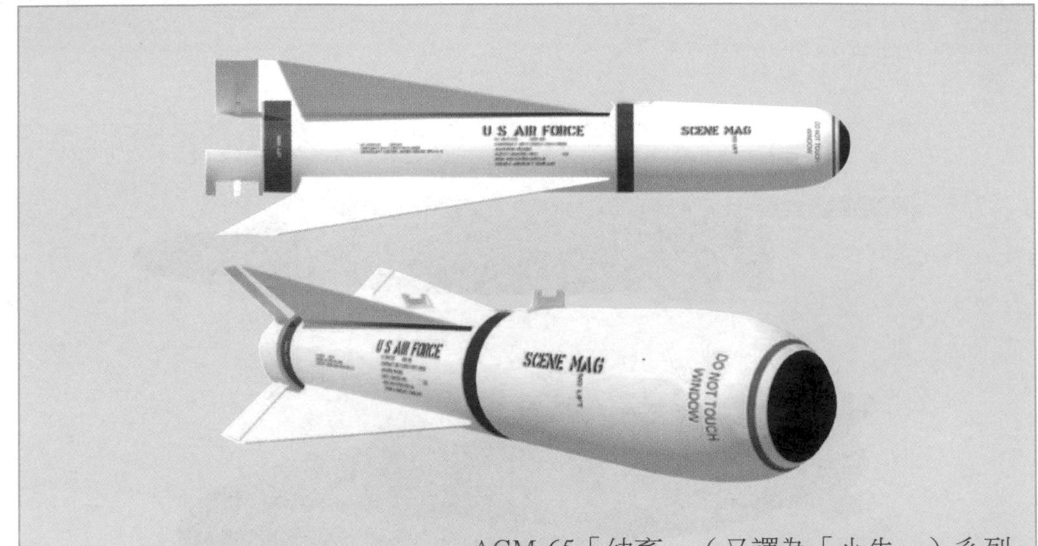

AGM-65「幼畜」（又譯為「小牛」）系列空對地飛彈，自問世以來已發展為包含多個採用不同制導方式改型的空對地飛彈家族，被美國三軍及多個國家軍隊所採用。早期型號採用電視制導，後來相繼出現了紅外、激光制導的型號。該飛彈一旦發射後，即自動鎖定目標。

原產地：美國	重量：211～304千克
彈體直徑：300毫米（不含控制舵面）	彈體長度：2.49米
彈頭重量及類型：57千克的中空或140千克高爆戰鬥部	舵面翼展：710毫米
射程：28千米	制導方式：光電成像、紅外或激光制導

AGM-78「標準」飛彈
AGM-78 STANDARD ARM

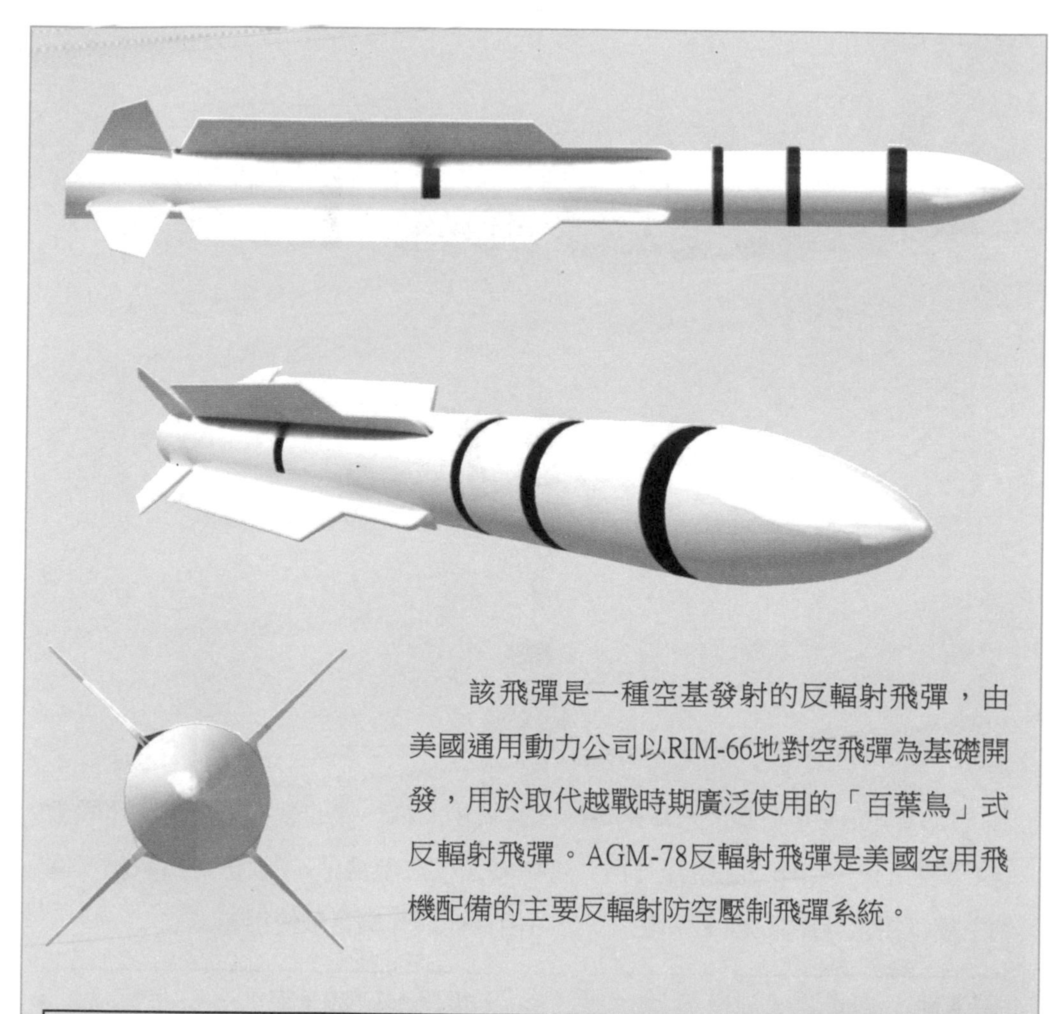

該飛彈是一種空基發射的反輻射飛彈，由美國通用動力公司以RIM-66地對空飛彈為基礎開發，用於取代越戰時期廣泛使用的「百葉鳥」式反輻射飛彈。AGM-78反輻射飛彈是美國空用飛機配備的主要反輻射防空壓制飛彈系統。

原產地：美國	重量：355千克
彈體直徑：254毫米（不含控制舵面）	彈體長度：4.1米
彈頭類型：高爆定向殺傷彈頭	舵面翼展：1010毫米
射程：106千米	制導方式：被動雷達引導

AGM-86C巡弋飛彈

AGM-86C

AGM-86B/C空射巡弋飛彈是為提升老式B-52轟炸機的戰場生存率和作戰效能而開發的。美軍B-52H型轟炸機共可掛載20枚該型飛彈（8枚機身負載艙、兩側主翼下掛架各掛載6枚）。後來，也可由其他轟炸機掛載使用。

原產地：美國	重量：1429千克
彈體直徑：620毫米（不含控制舵面）	彈體長度：6.35米
彈頭重量及類型：重1400千克，AGM-86B為核彈頭，C型為常規高爆彈頭	舵面翼展：3.65毫米
射程：1100千米（B型）	制導方式：慣性+GPS制導

AGM-88「哈姆」飛彈
AGM-88 HARM

AGM-88「哈姆」（高速反輻射飛彈）的開發是為了取代老式的「百葉鳥」和AGM-78反輻射飛彈。飛彈採用雙級式無煙固體火箭引擎，最高速度可達2倍音速。目前，該飛彈最新的改型為AGM-88E型「先進反輻射制導飛彈（AARGM）」，由美、意聯合開發和改進。

原產地：美國	重量：355千克
彈體直徑：254毫米（不含控制舵面）	彈體長度：4.1米
彈頭重量及類型：高爆彈頭	舵面翼展：1100毫米
射程：106千米	制導方式：被動雷達引導

AGM-114「地獄火」飛彈
AGM-114 HELLFIRE

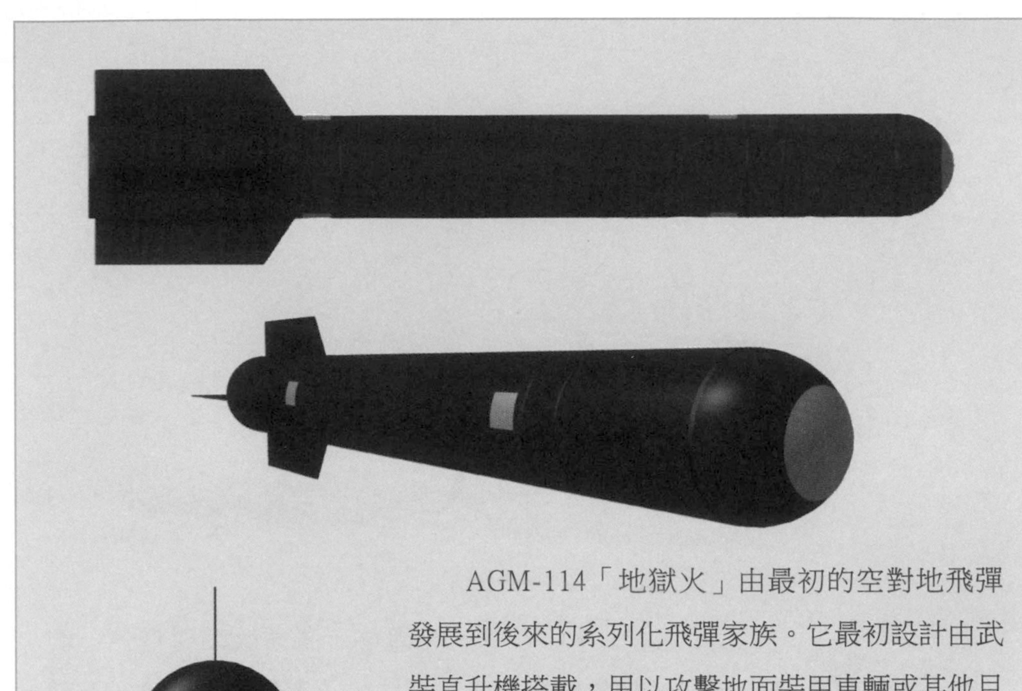

AGM-114「地獄火」由最初的空對地飛彈發展到後來的系列化飛彈家族。它最初設計由武裝直升機搭載，用以攻擊地面裝甲車輛或其他目標，後來被改裝成多種型號，使用平臺也擴展到固定翼戰機、海上艦艇以及地面車輛。其較新的改型為「地獄火II」，於上世紀九〇年代初開發，是一種模塊化飛彈系統。

原產地：美國	重量：45.4～49千克
彈體直徑：178毫米（不含控制舵面）	彈體長度：1.63米
彈頭類型：高爆殺傷彈頭	舵面翼展：330毫米
射程：0.5～8千米	制導方式：半主動激光制導，或毫米波雷達引導

AGM-130飛彈

AGM-130

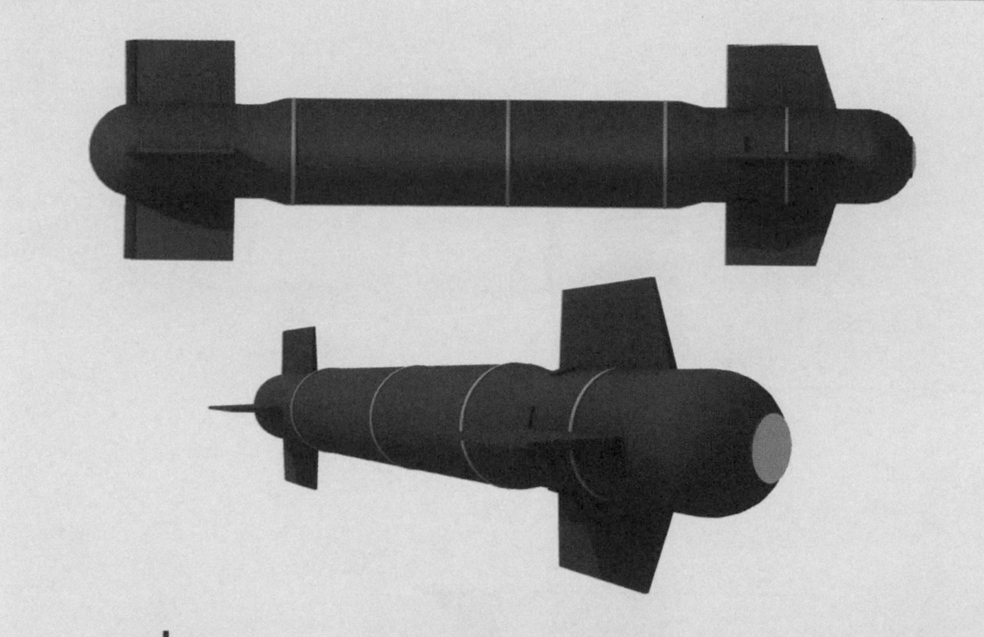

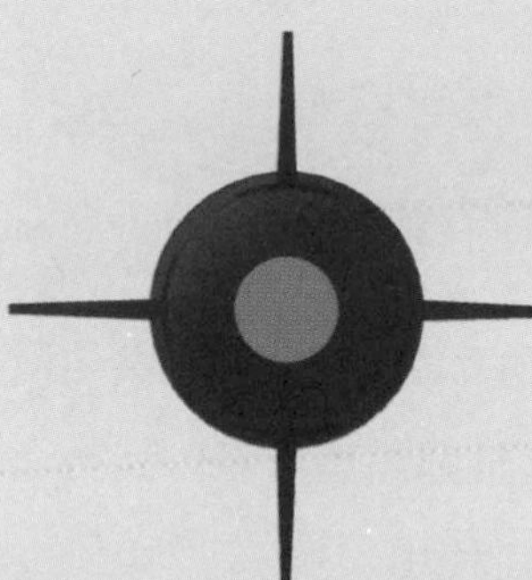

AGM-130空對地飛彈本質上是由火箭引擎推進的GBU-15炸彈，它由波音公司開發。其最初的型號AGM-130A於一九九八年服役，使用慣性導航+GPS制導方式，在飛行途中可重新鎖定目標。F-15E攻擊機可掛載2枚該型飛彈，後來還設計了可由F-16戰機掛載的輕量化的AGM-130LW空對地飛彈。

原產地：美國	重量：1323千克
彈體直徑：380～460毫米（不含控制舵面）	彈體長度：3.92米
彈頭重量及類型：240或430千克	舵面翼展：1500毫米
射程：60千米	制導方式：慣性+GPS制導

AGM-154聯合防區外彈藥（JSOW）
AGM-154 JSOW

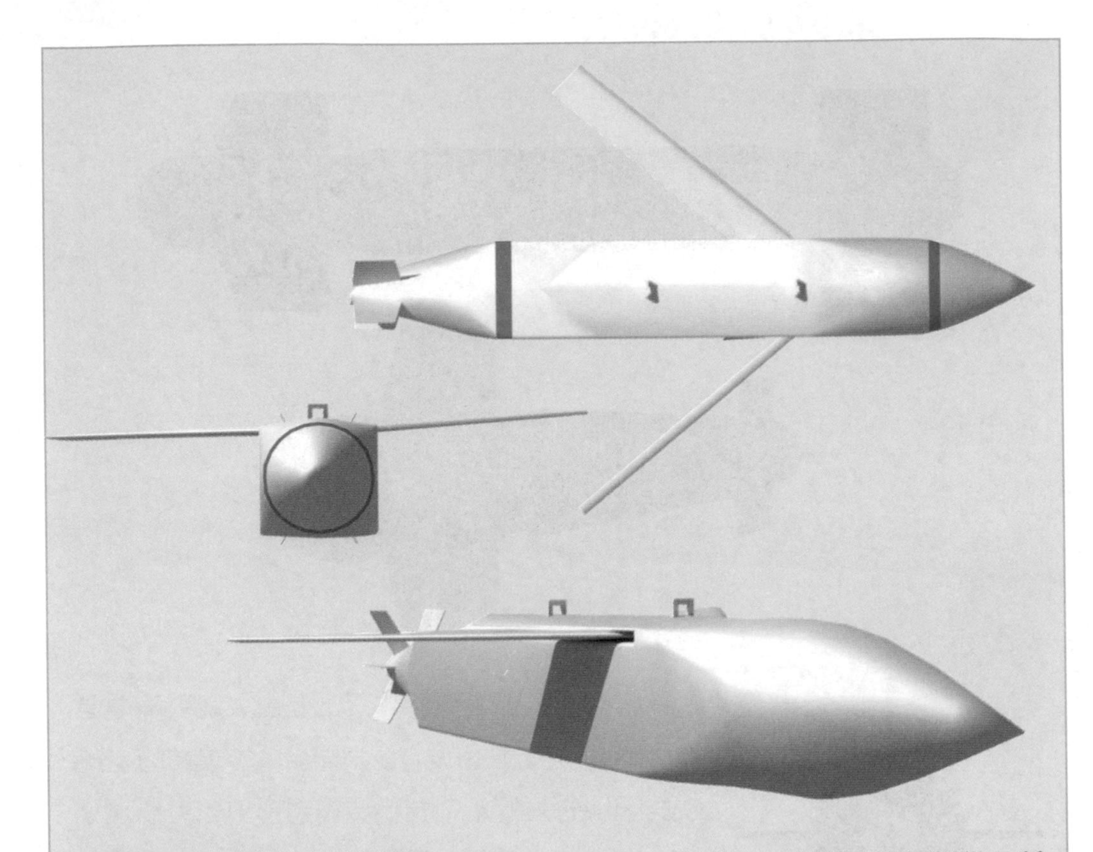

AGM-154聯合防區外彈藥（JSOW）的開發，是為美國海軍和空軍提供一種中程的高精準防區外發射彈藥。一九九九年十二月，該飛彈開始量產，其後大量裝備美國三軍，並在巴爾幹戰爭、全球反恐戰爭中廣泛使用。

原產地：美國	重量：483～497千克
彈體直徑：330毫米（不含控制舵面）	彈體長度：4.1米
彈頭類型：多種彈頭	舵面翼展：2700毫米
射程：22～130千米（取決於發射高度）	制導方式：慣性+GPS制導

AGM-158聯合空對地防區外飛彈（JASSM）
AGM-158 JASSM

AGM-158聯合空對地防區外飛彈（JASSM）使用渦輪噴氣引擎，其外形採用隱形設計，現已廣泛用於裝備包括B-2在內的多種美國軍用飛機。該飛彈原定於二〇〇一年十二月量產，但由於之前未通過項目評估，而導致量產延後。

原產地：美國	重量：975千克
彈體直徑：不詳	彈體長度：4.27米
彈頭重量及類型：450千米侵徹式彈頭	舵面翼展：2400毫米
射程：370千米以上	制導方式：慣性+GPS制導

空射反輻射飛彈（ALARM）
ALARM

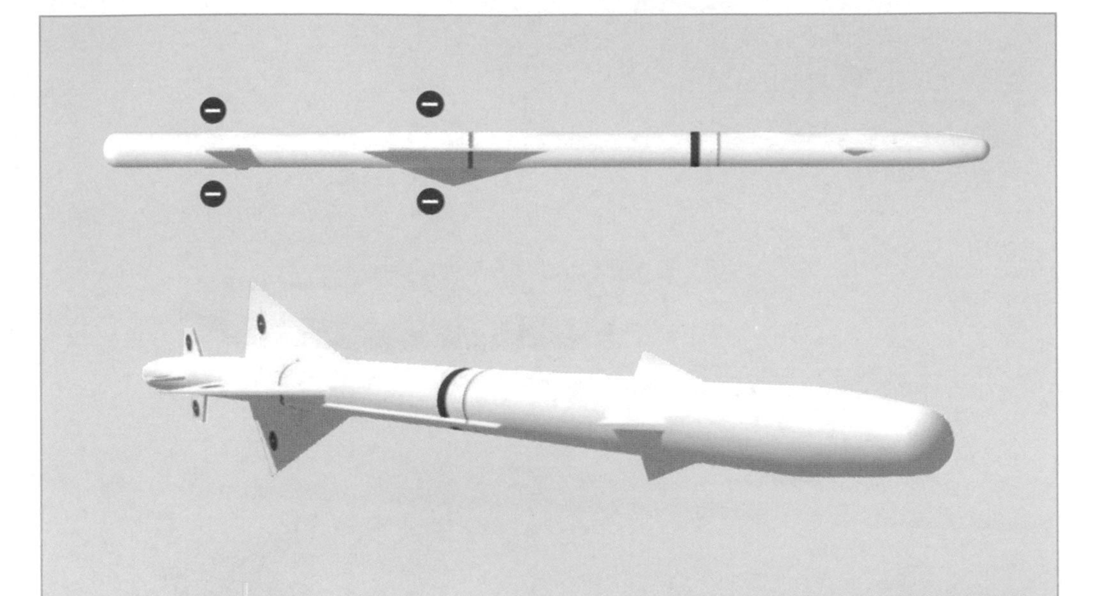

空射反輻射飛彈（ALARM）由英國航空動力公司開發，是一種防空壓制飛彈，被設計用於摧毀敵方雷達系統。它具備較高的智能化程度，在攻擊過程中，如果對方雷達關機，它可由攻擊彈道中改出並爬升至中空高徘徊巡航，直到再次獲得目標雷達信號。

原產地：英國	重量：268千克
彈體直徑：230毫米（不含控制舵面）	彈體長度：4.24米
彈頭類型：高爆近炸彈頭	舵面翼展：730毫米
射程：93千米	制導方式：預編程被動雷達引導

AS-30L飛彈
AS-30L

AS-30L是由法國開發的近、中程空對地防區外激光制導飛彈。一九九一年海灣戰爭期間，參戰的法國空軍部隊廣泛使用「美洲虎」攻擊機配備該飛彈，對伊軍目標實施打擊。該型飛彈亦被以色列和印度空軍所採用。

原產地：法國	重量：520千克
彈體直徑：340毫米（不含控制舵面）	彈體長度：3.7米
彈頭重量及類型：240千克半穿甲高爆彈頭	舵面翼展：1000毫米
射程：3～11千米（取決於發射高度）	制導方式：半主動激光引導

「布拉莫斯」（BRAHMOS）巡弋飛彈
BRAHMOS

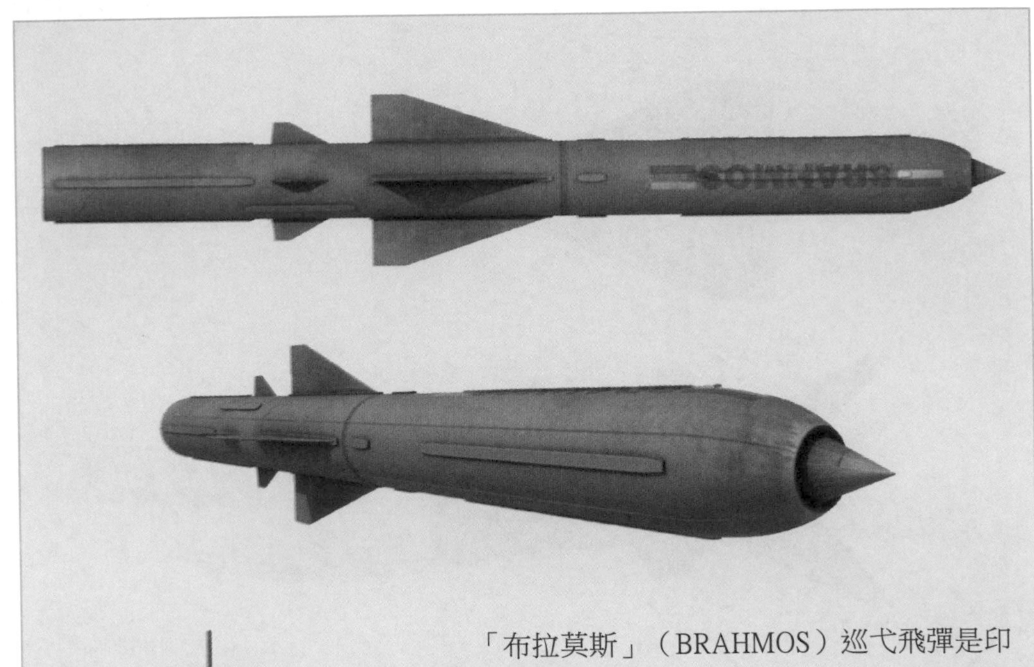

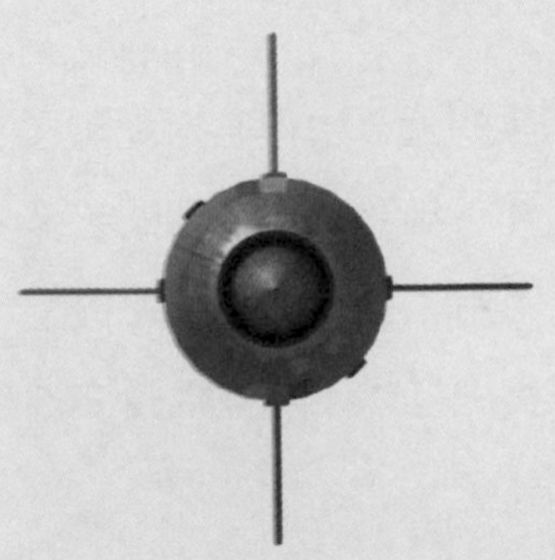

「布拉莫斯」（BRAHMOS）巡弋飛彈是印度與俄羅斯聯合開發的超音速飛彈系統，其名稱取自印度境內的「布拉馬普拉河」與俄羅斯的「莫斯科河」的組合。該飛彈可由陸、海或空中平臺發射，其最大飛行速度為2.8倍音速，也是目前全球速度最快的巡弋飛彈

原產地：俄羅斯/印度	重量：3000千克
彈體直徑：600毫米	彈體長度：8.4米
彈頭重量及類型：300千米半穿甲高爆彈頭	舵面翼展：不詳
射程：290千米	制導方式：慣性+GPS制導

「硫黃石」飛彈

BRIMSTONE

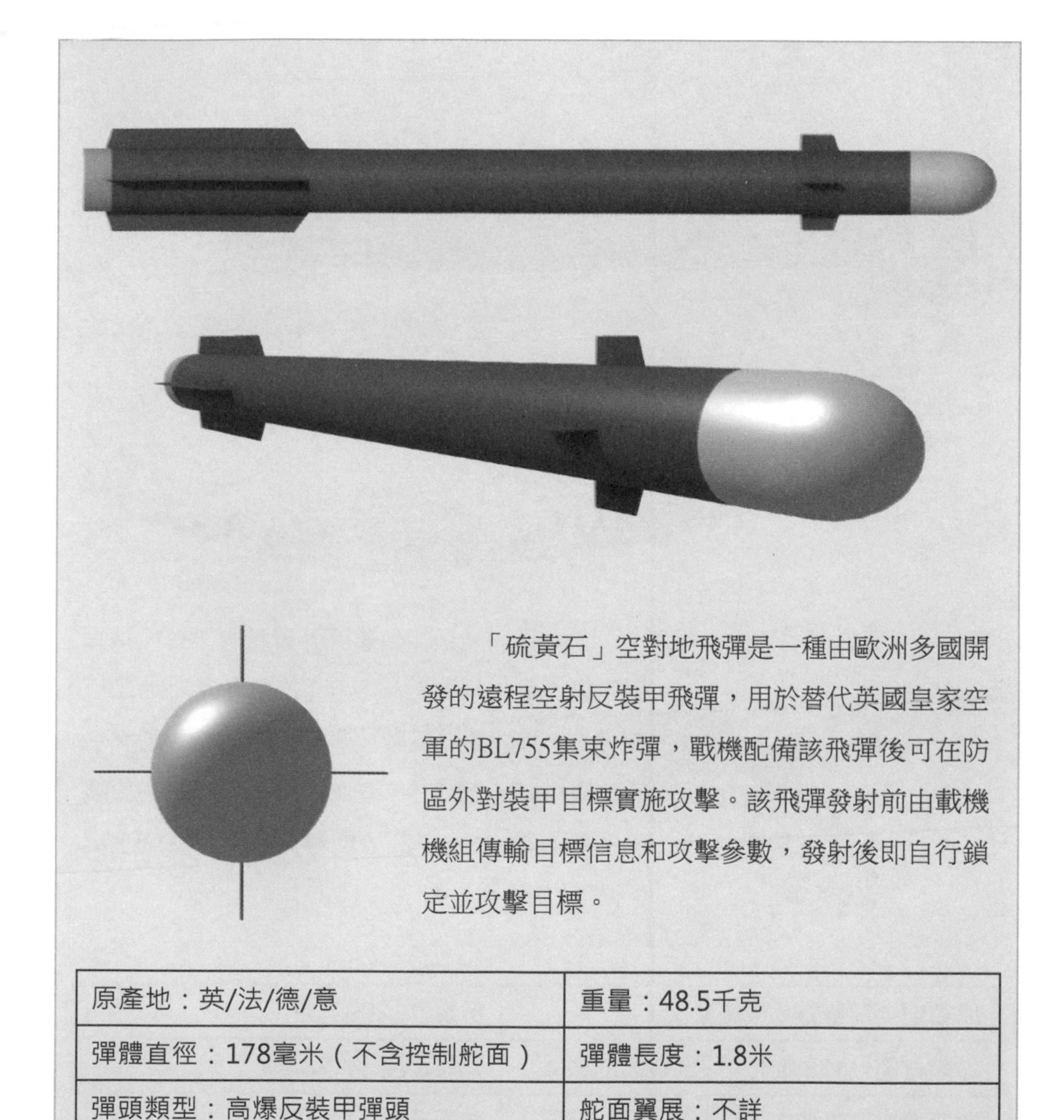

「硫黃石」空對地飛彈是一種由歐洲多國開發的遠程空射反裝甲飛彈，用於替代英國皇家空軍的BL755集束炸彈，戰機配備該飛彈後可在防區外對裝甲目標實施攻擊。該飛彈發射前由載機機組傳輸目標信息和攻擊參數，發射後即自行鎖定並攻擊目標。

原產地：英/法/德/意	重量：48.5千克
彈體直徑：178毫米（不含控制舵面）	彈體長度：1.8米
彈頭類型：高爆反裝甲彈頭	舵面翼展：不詳
射程：12千米	制導方式：慣性+主動雷達制導

KH-15（AS-6）「反衝」飛彈

KH-15 (AS-6) KICKBACK

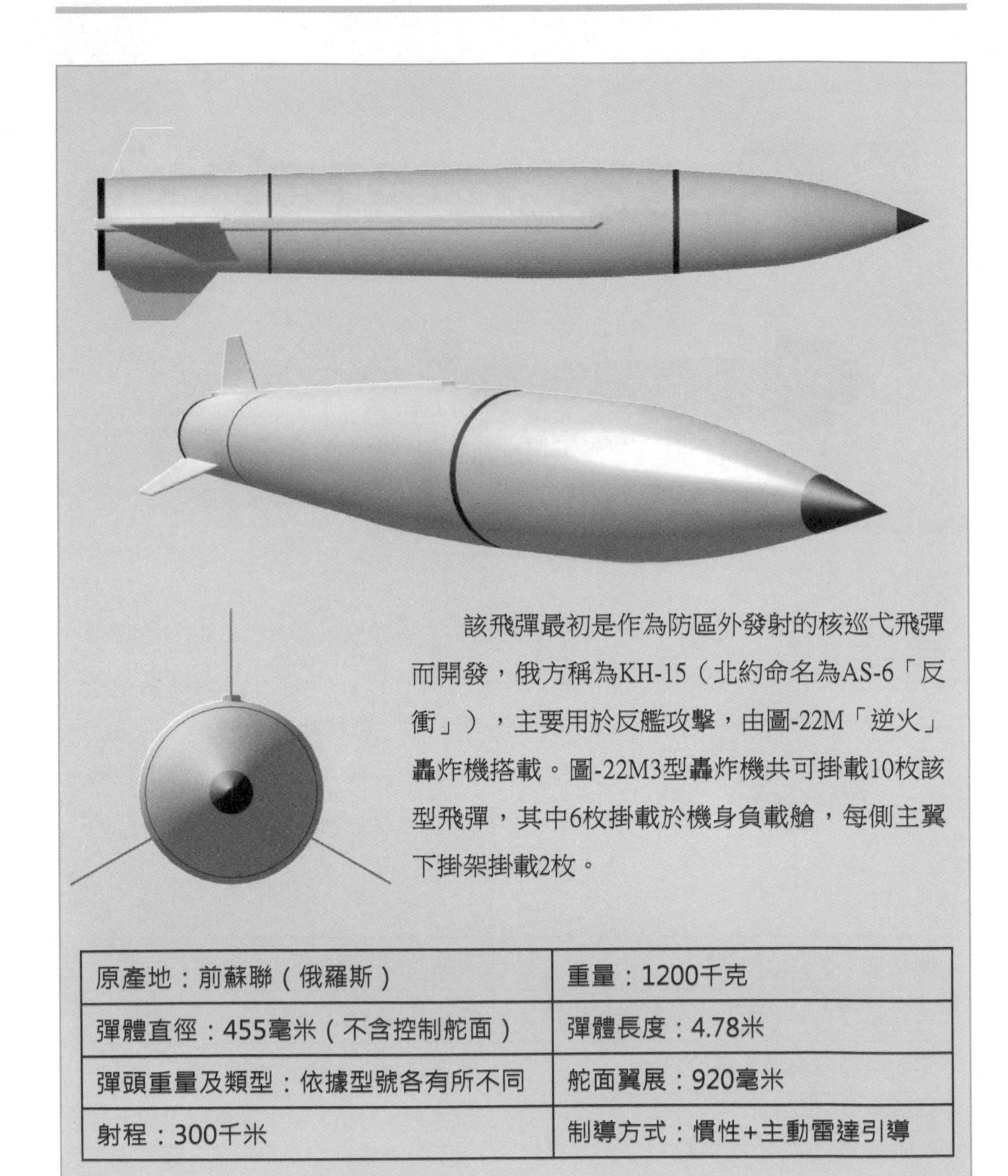

該飛彈最初是作為防區外發射的核巡弋飛彈而開發，俄方稱為KH-15（北約命名為AS-6「反衝」），主要用於反艦攻擊，由圖-22M「逆火」轟炸機搭載。圖-22M3型轟炸機共可掛載10枚該型飛彈，其中6枚掛載於機身負載艙，每側主翼下掛架掛載2枚。

原產地：前蘇聯（俄羅斯）	重量：1200千克
彈體直徑：455毫米（不含控制舵面）	彈體長度：4.78米
彈頭重量及類型：依據型號各有所不同	舵面翼展：920毫米
射程：300千米	制導方式：慣性+主動雷達引導

KH-25L（AS-10）「克倫」飛彈
KH-25L (AS-10) KAREN

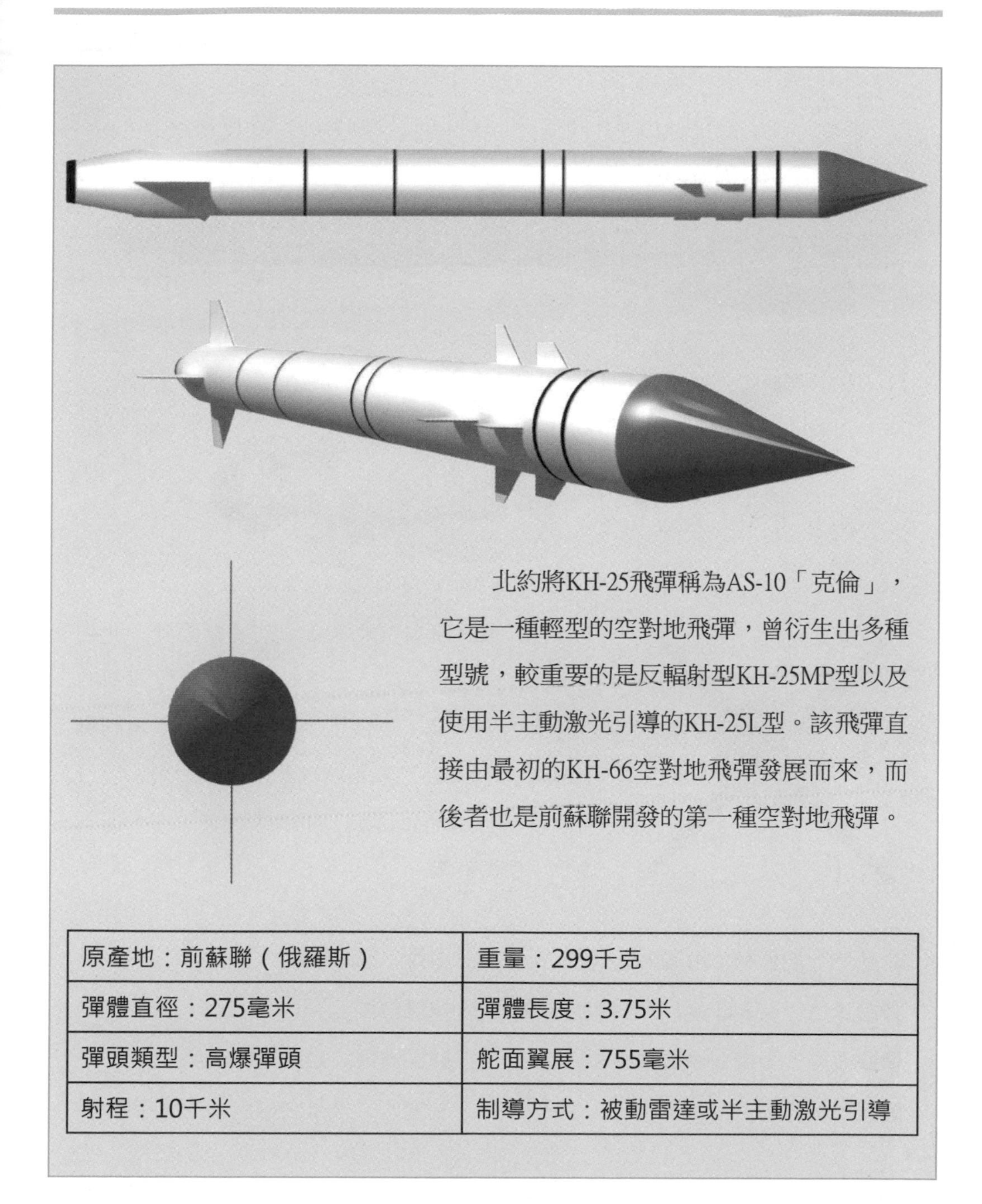

北約將KH-25飛彈稱為AS-10「克倫」，它是一種輕型的空對地飛彈，曾衍生出多種型號，較重要的是反輻射型KH-25MP型以及使用半主動激光引導的KH-25L型。該飛彈直接由最初的KH-66空對地飛彈發展而來，而後者也是前蘇聯開發的第一種空對地飛彈。

原產地：前蘇聯（俄羅斯）	重量：299千克
彈體直徑：275毫米	彈體長度：3.75米
彈頭類型：高爆彈頭	舵面翼展：755毫米
射程：10千米	制導方式：被動雷達或半主動激光引導

KH-29L（AS-14）「小錨」飛彈
KH-29L (AS-14) KEDGE

KH-29近程空對地飛彈由前蘇聯開發，北約命名為AS-14「小錨」，是一種具有較大彈頭的近程空對地飛彈，可採用半主動激光或電視制導引導頭，由蘇-25這類戰術攻擊機掛載使用。它可用於攻擊各類地面目標，如橋樑、裝甲車、掩體以及小型艦船等。

原產地：前蘇聯（俄羅斯）	重量：660千克
彈體直徑：380毫米（不含控制舵面）	彈體長度：3.9米
彈頭類型：高爆侵徹式彈頭	舵面翼展：1100毫米
射程：10千米	制導方式：半主動激光或電視制導

KH-29T飛彈

KH-29T

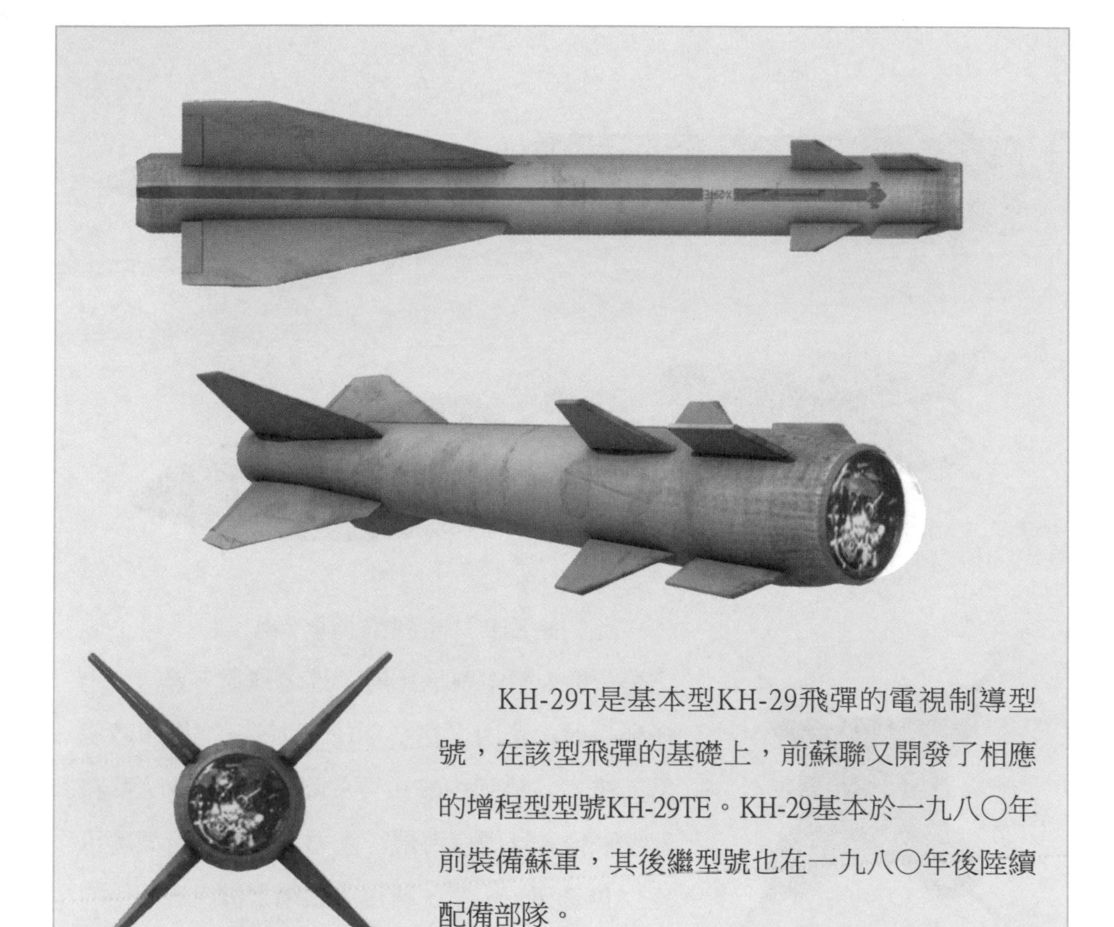

KH-29T是基本型KH-29飛彈的電視制導型號，在該型飛彈的基礎上，前蘇聯又開發了相應的增程型型號KH-29TE。KH-29基本於一九八〇年前裝備蘇軍，其後繼型號也在一九八〇年後陸續配備部隊。

原產地：前蘇聯（俄羅斯）	重量：690千克
彈體直徑：380毫米（不含控制舵面）	彈體長度：3.9米
彈頭類型：高爆彈頭	舵面翼展：1100毫米
射程：12千米	制導方式：電視攝像頭引導

KH-31A（AS-17）「氪」巡弋飛彈

KH-31A (AS-17) KPYPTON

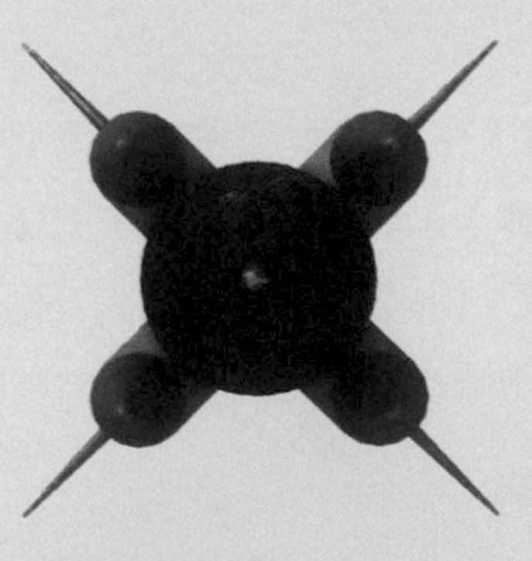

北約將KH-31系列飛彈稱為AS-17「氪」，它是一種中型空對地（海）巡弋飛彈，曾衍生出多種型號，可由米格-29和蘇-27等戰鬥機掛載使用。該系列飛彈中較重要的型號是KH-31A反艦巡弋飛彈，具備掠海飛行能力，最大飛行速度可達3.5倍音速，也第一種可由戰術飛機搭載使用的超音速巡弋飛彈。

原產地：前蘇聯（俄羅斯）	重量：610千克
彈體直徑：360毫米	彈體長度：4.7米
彈頭類型：高爆彈頭	舵面翼展：1150毫米
射程：25～50千米	制導方式：慣性+主動雷達引導

KH-31P反輻射飛彈

KH-31P

KH-31P是KH-31基本型飛彈的反輻射型號，飛彈由被動雷達引導頭制導。它攻擊目標通常採用高空飛行路徑，靠近目標後再俯衝攻擊，具備較高的速度和射程。而且飛彈被動雷達引導頭覆蓋多個常用雷達波段，可針對多種類型雷達實施攻擊。

原產地：前蘇聯（俄羅斯）	重量：600千克
彈體直徑：360毫米（不含控制舵面）	彈體長度：4.7米
彈頭類型：高爆彈頭	舵面翼展：1150毫米
射程：110千米	制導方式：慣性+被動雷達引導

KH-55（AS-15）「肯特」巡弋飛彈
KH-55 (AS-15) KENT

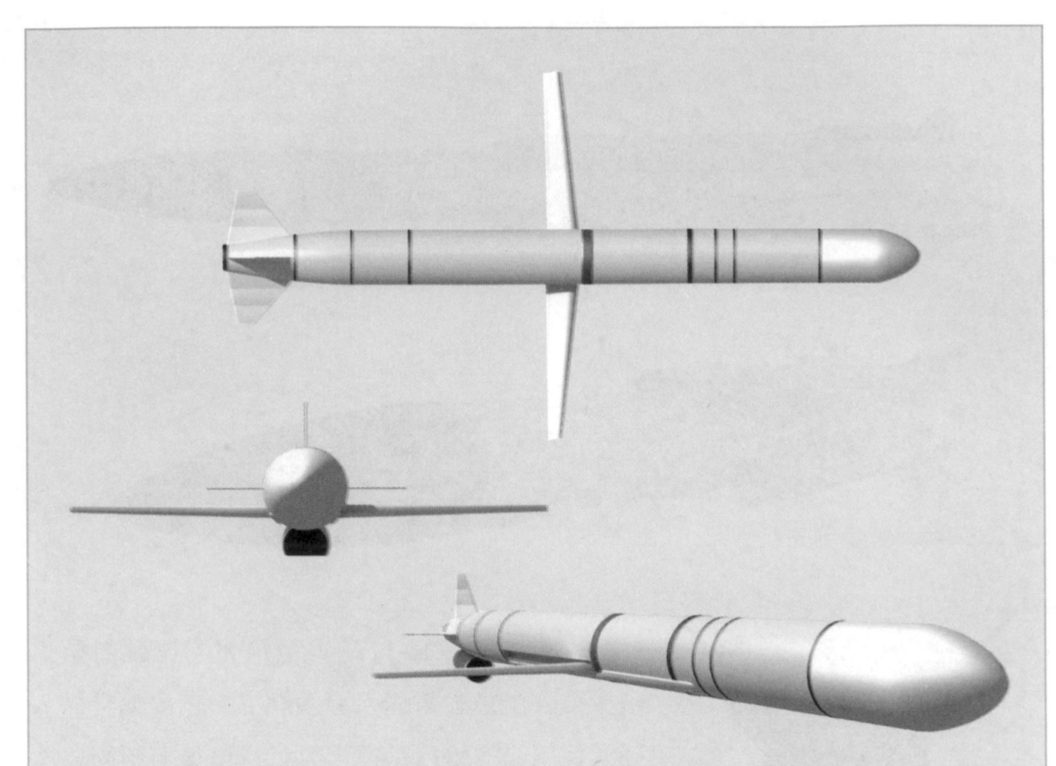

KH-55系列飛彈，北約稱之為AS-15「肯特」，是一種空基發射的戰略型巡弋飛彈，該飛彈可搭載核、常兩種彈頭。為便於運輸，彈體的主翼、尾翼和渦輪噴氣引擎進氣道等部件都可折疊，待發射後再展開。KH-55飛彈於一九八四年開始服役，之後陸續出現了多個衍生型號。

原產地：前蘇聯（俄羅斯）	重量：2200～2400千克
彈體直徑：514毫米（不含控制舵面）	彈體長度：7.45米
彈頭類型：核、常彈頭	舵面翼展：3100毫米
射程：3000千米	制導方式：慣性+地形匹配製導

KH-59（AS-13）「中心銷」飛彈
KH-59 (AS-13) KINGBOLT

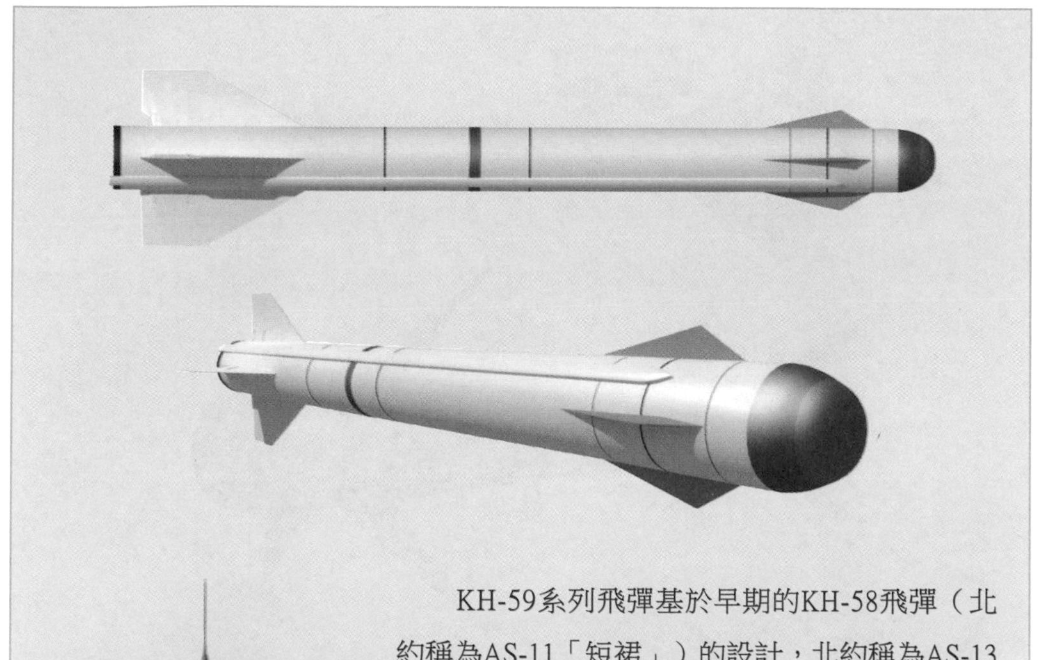

KH-59系列飛彈基於早期的KH-58飛彈（北約稱為AS-11「短裙」）的設計，北約稱為AS-13「中心銷」，是一種電視制導的遠程巡弋飛彈，其動力裝置採用兩級固體火箭引擎，主要用於攻擊地面目標，但它也是一種用於反艦的衍生型號，稱為KH-59MK。

原產地：前蘇聯（俄羅斯）	重量：930千克
彈體直徑：380毫米	彈體長度：5.7米
彈頭重量及類型：320千克集束彈藥或高爆碎片彈頭	舵面翼展：1300毫米
射程：200千米	制導方式：中段慣性+末端電視制導

KH-59M（AS-18）「蘆笛」飛彈

KH-59M（AS-18）KAZOO

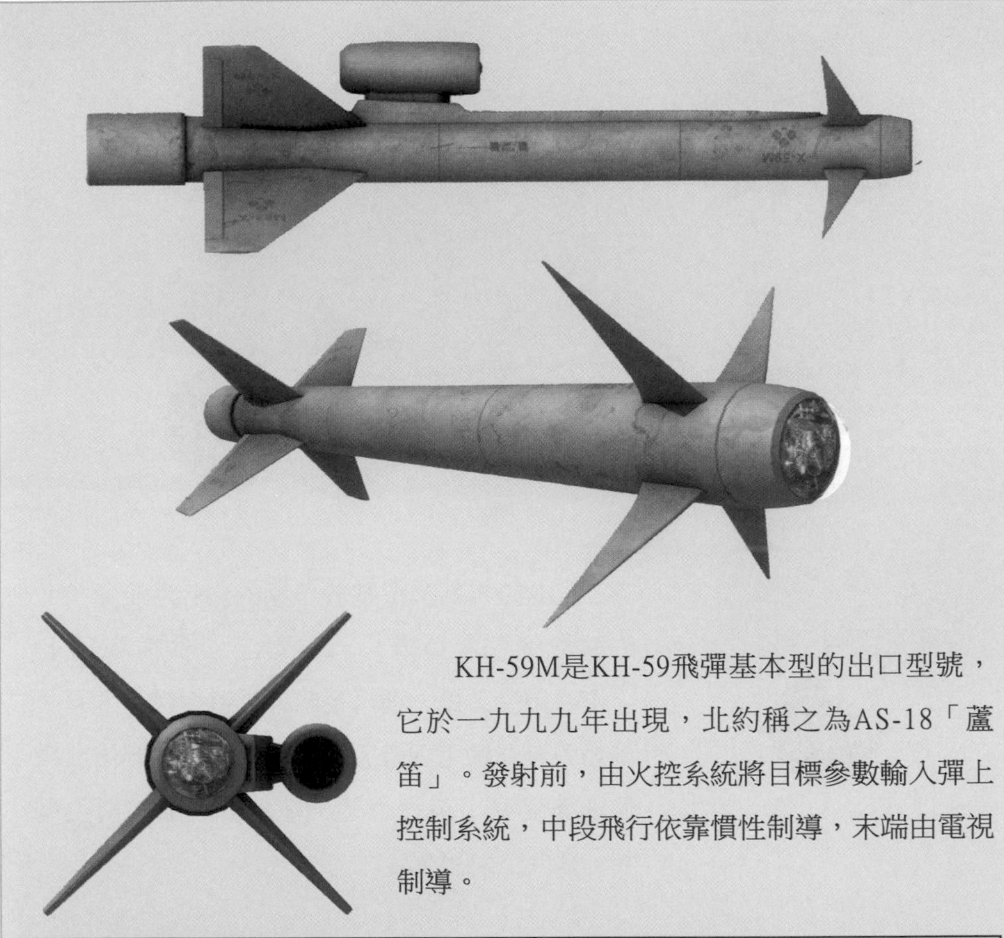

KH-59M是KH-59飛彈基本型的出口型號，它於一九九九年出現，北約稱之為AS-18「蘆笛」。發射前，由火控系統將目標參數輸入彈上控制系統，中段飛行依靠慣性制導，末端由電視制導。

原產地：俄羅斯	重量：930千克
彈體直徑：380毫米（不含控制舵面）	彈體長度：5.7米
彈頭重量及類型：320千克集束彈藥或高爆碎片彈頭	舵面翼展：1300毫米
射程：115千米	制導方式：中段慣性+末端電視制導

KH-101巡弋飛彈

KH-101

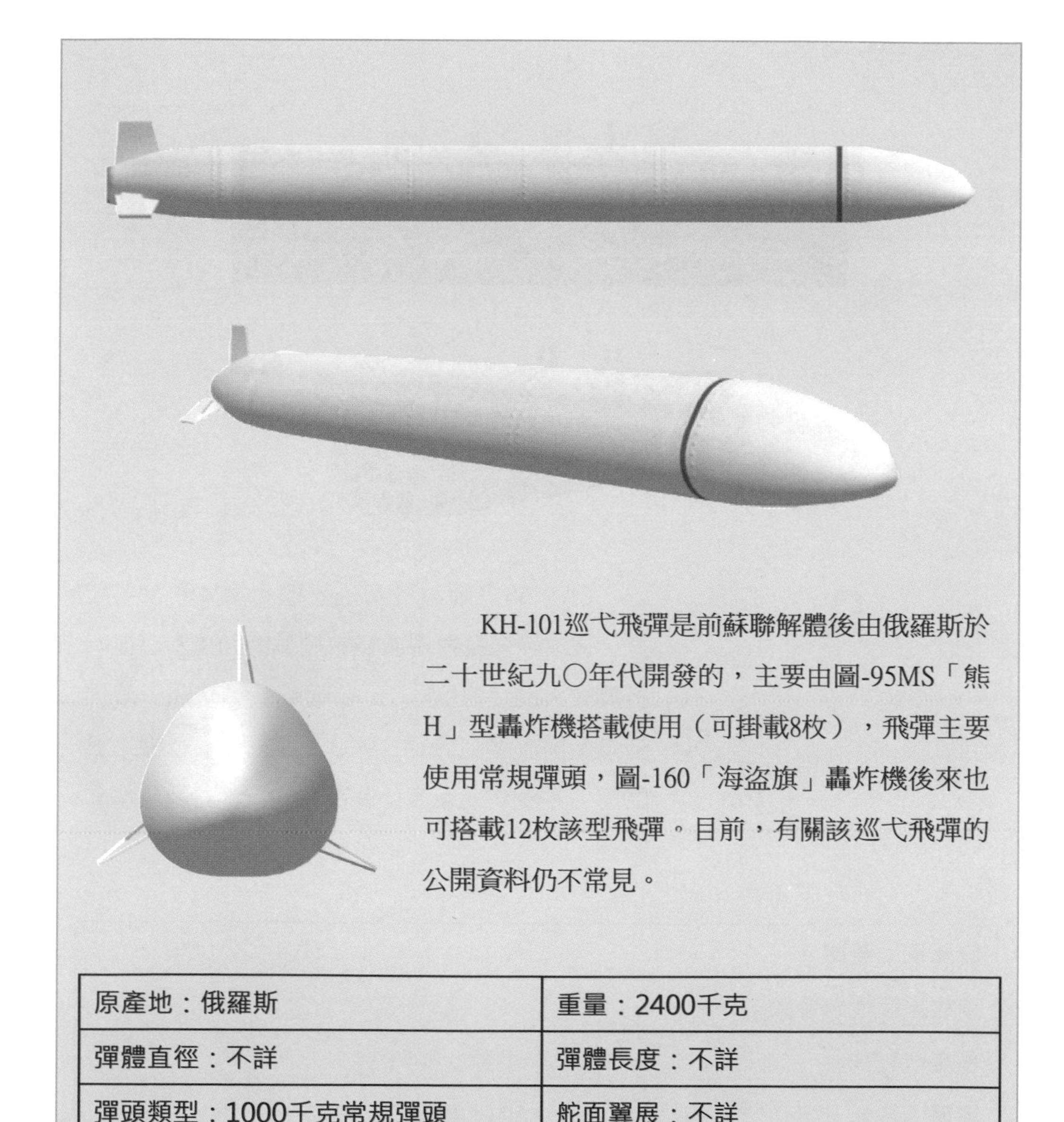

KH-101巡弋飛彈是前蘇聯解體後由俄羅斯於二十世紀九〇年代開發的，主要由圖-95MS「熊H」型轟炸機搭載使用（可掛載8枚），飛彈主要使用常規彈頭，圖-160「海盜旗」轟炸機後來也可搭載12枚該型飛彈。目前，有關該巡弋飛彈的公開資料仍不常見。

原產地：俄羅斯	重量：2400千克
彈體直徑：不詳	彈體長度：不詳
彈頭類型：1000千克常規彈頭	舵面翼展：不詳
射程：5000千米以上	制導方式：不詳

LAU-68火箭巢
LAU-68

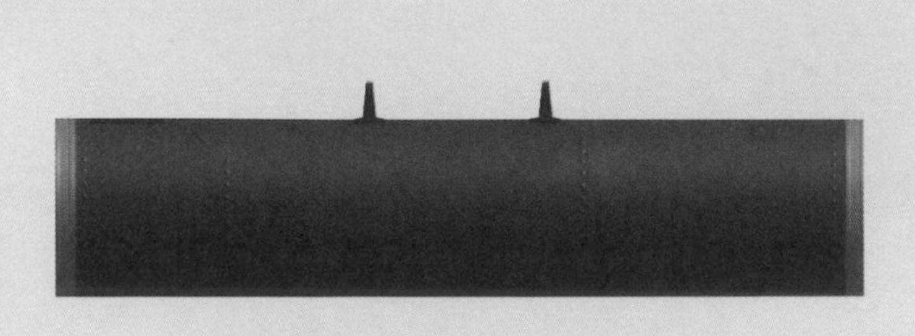

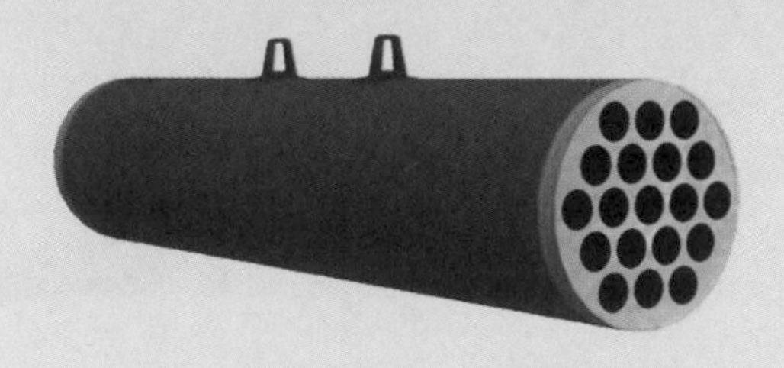

LAU-68火箭巢最初是一種七管火箭發射裝置，被設計來發射用於空中攔截的70毫米口徑的折翼式火箭（FFAR）。在朝鮮戰爭時間，該火箭巢配備於洛克希德F-94C「星戰士」戰機主翼的翼尖。後來逐漸演化為現在的19管對地攻擊火箭巢。

原產地：美國	
單枚火箭性能參數：	
長度：1.2米	重量：8.4千克
翼展：不詳	彈頭重量：2.7千克
制導方式：無	射程：3400米

LAU-131火箭巢

LAU-131

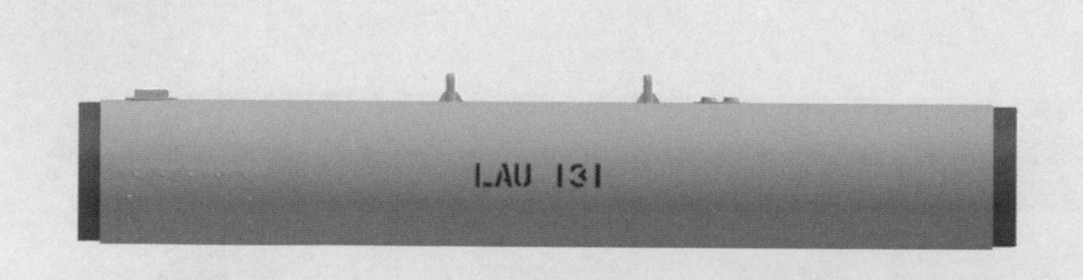

LAU-68火箭巢主要供美國陸軍和海軍陸戰隊使用，與此同時，美國空軍則開發了LAU-131火箭巢，該火箭發射裝置能以單發或多發齊射的方式發射。該火箭巢由7根金屬發射管組成，其外部由金屬肋條固定，外覆鋁制蒙皮。整個裝置結構較簡易，耐用性也很好（每根發射管可連續發射32次）。

原產地：美國	
單枚火箭性能參數：	
長度：1.2米	重量：8.4千克
翼展：不詳	彈頭重量：2.7千克
制導方式：無	射程：3400米

S-8火箭巢
S-8 POD

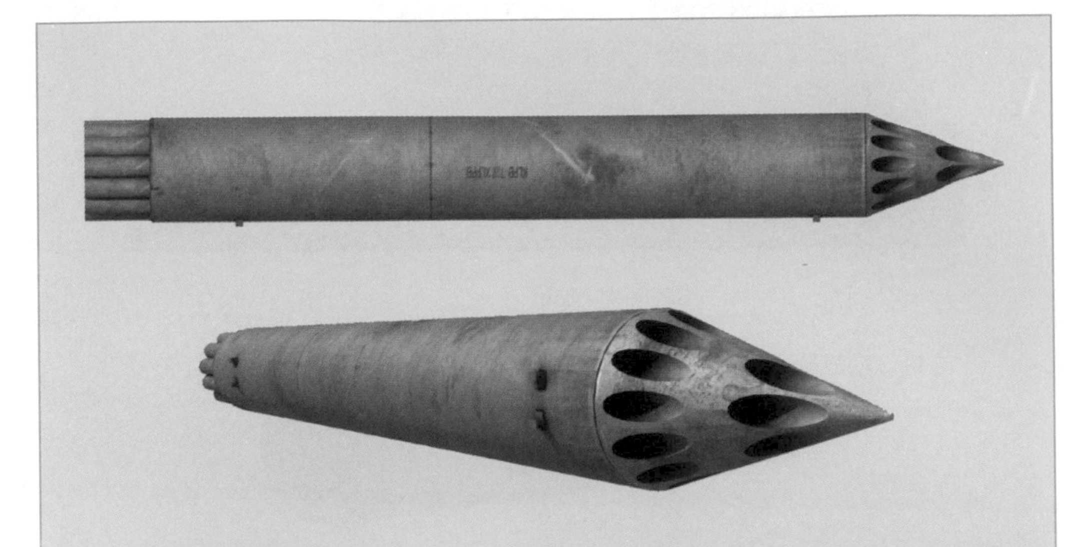

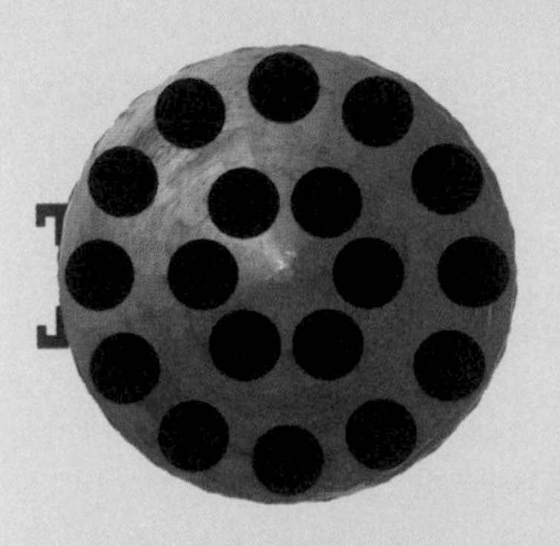

該航空火箭發射裝置由前蘇聯於二十世紀七〇年代開發，每個火箭巢可裝填18枚火箭，主要用於空軍對地攻擊任務，目前廣泛配備於俄軍的戰鬥機、攻擊機，並出口至多個國家。之後以該火箭巢為原型，各國又發展出多種衍生型、改型，其裝配的火箭彈也種類繁多，可用於攻擊不同的目標。

原產地：前蘇聯（俄羅斯）	
單枚火箭性能參數：	
彈徑：80毫米	長度：1.57米
彈頭類型：高爆/穿甲/燃燒等	翼展：不詳
射程：4000米	制導方式：無
重量：11.3千克	

S-8BM火箭
S-8BM

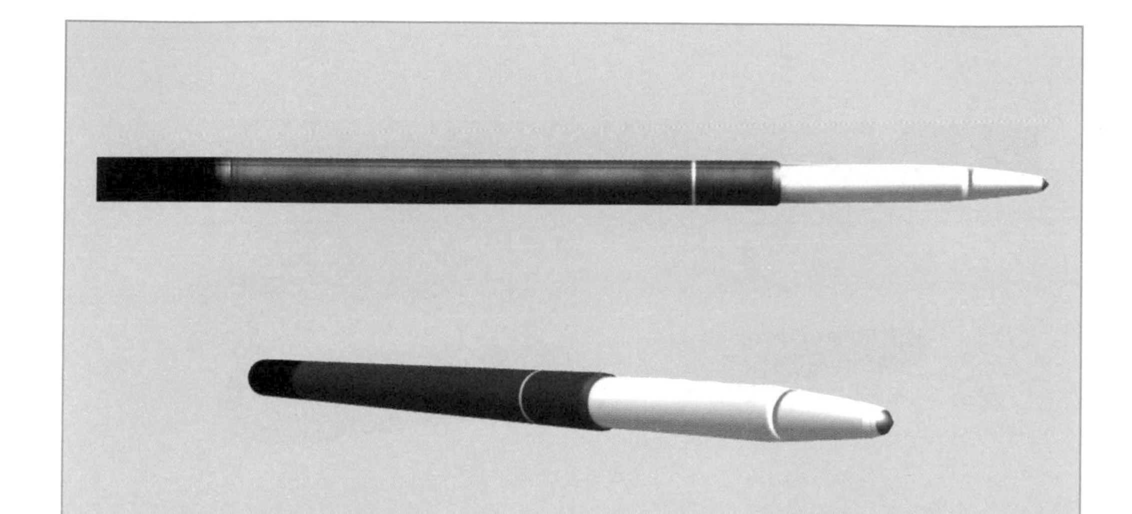

S-8BM火箭是由S-8火箭巢所發射的火箭改進而成，主要用於反機場跑道攻擊。火箭彈發射後最大速度450米/秒，可穿透800毫米厚強化混凝土。該火箭彈可裝填進S-8火箭巢，可由戰術攻擊武裝直升機使用。

原產地：前蘇聯（俄羅斯）	重量：15.2千克
彈徑：80毫米	長度：1.54米
彈頭重量：7.41千克	翼展：不詳
射程：2200米	制導方式：無

S-8OM火箭
S-8OM

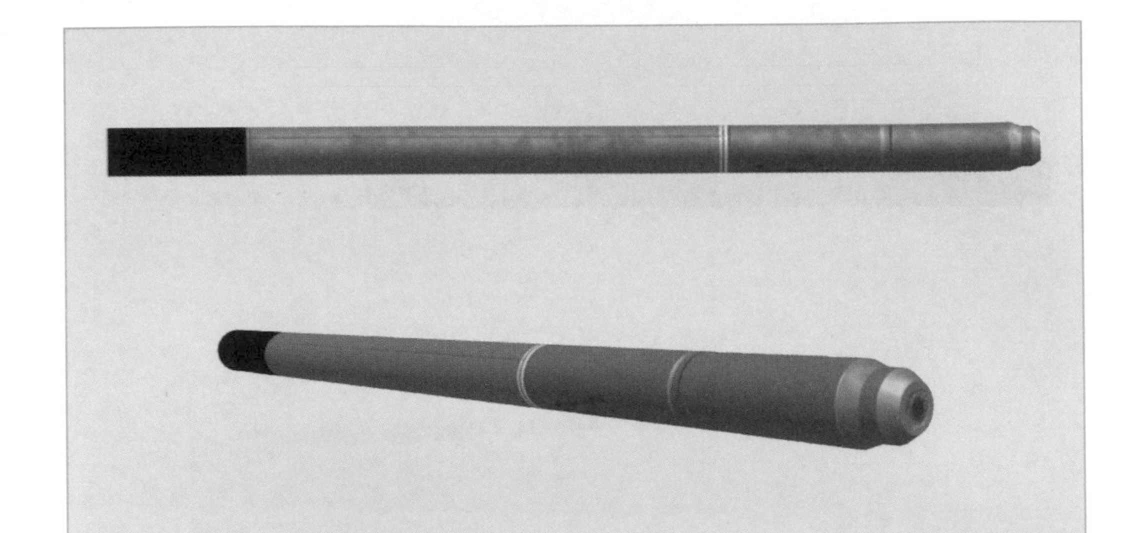

S-8OM火箭仍由S-8火箭巢所發射的火箭改進而成，主要用於戰場照明，其裝填發光劑的彈頭可持續照明30秒。該火箭彈可裝填進S-8火箭巢，主要用於戰場武裝直升機，如米-24「雌鹿」、米-28「浩劫」。

原產地：前蘇聯（俄羅斯）	重量：12.1千克
彈徑：80毫米	長度：1.63米
彈頭重量：照明彈頭	翼展：不詳
射程：4500米	制導方式：無

S-130F火箭
S-130F

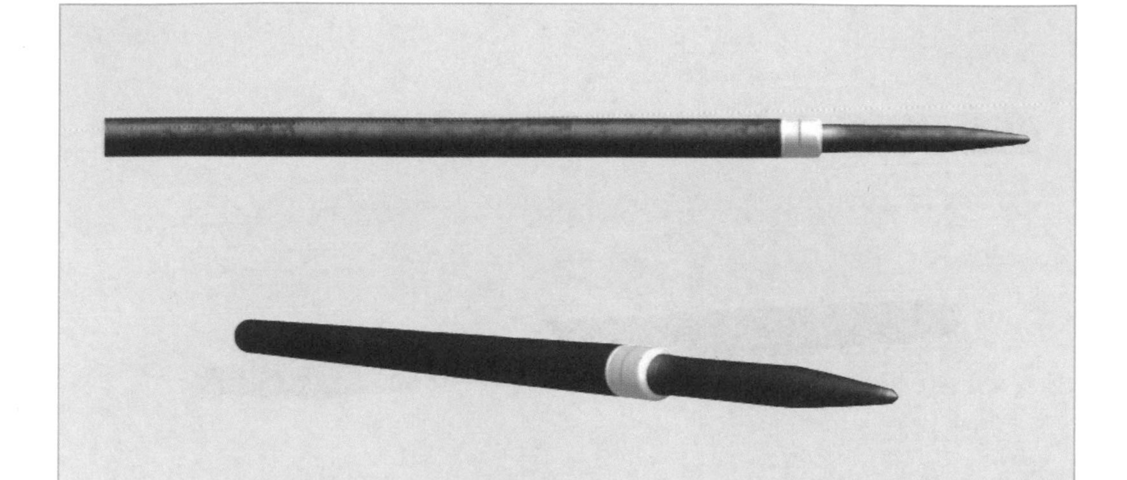

S-130F火箭最初開發於二十世紀八〇年代，很快部署於前蘇聯空軍和陸軍。主要用於裝填S-13火箭巢，該火箭可用於對多種戰場目標實施打擊，包括機場跑道、指揮與控制中心以及裝甲車輛。火箭彈彈頭採用高爆裝藥，內含450片預制碎片。

原產地：前蘇聯（俄羅斯）	重量：69千克
彈徑：122毫米	長度：2.99米
彈頭類型：高爆/預制碎片彈頭	翼展：不詳
射程：3200米	制導方式：無

S-13T火箭
S-13T

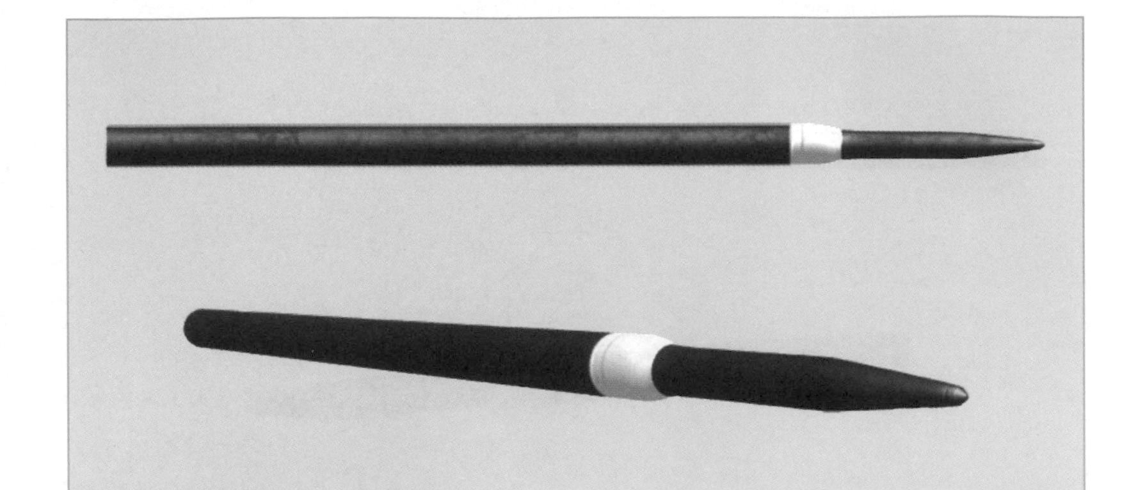

S-13T火箭採用串列式戰鬥部彈頭，由S-13火箭巢所發射的火箭改進而成。該火箭開發於二十世紀七〇年代，配備侵徹式彈頭後，用於反機場跑道、碉堡以及加固飛機掩體。其最大鑽地能力為6米泥土或1米強化混凝土。

原產地：前蘇聯（俄羅斯）	重量：75千克
彈徑：130毫米	長度：2.99米
彈頭類型：高爆/預制碎片彈頭	翼展：不詳
射程：3200米	制導方式：無

S-24B火箭

S-24B

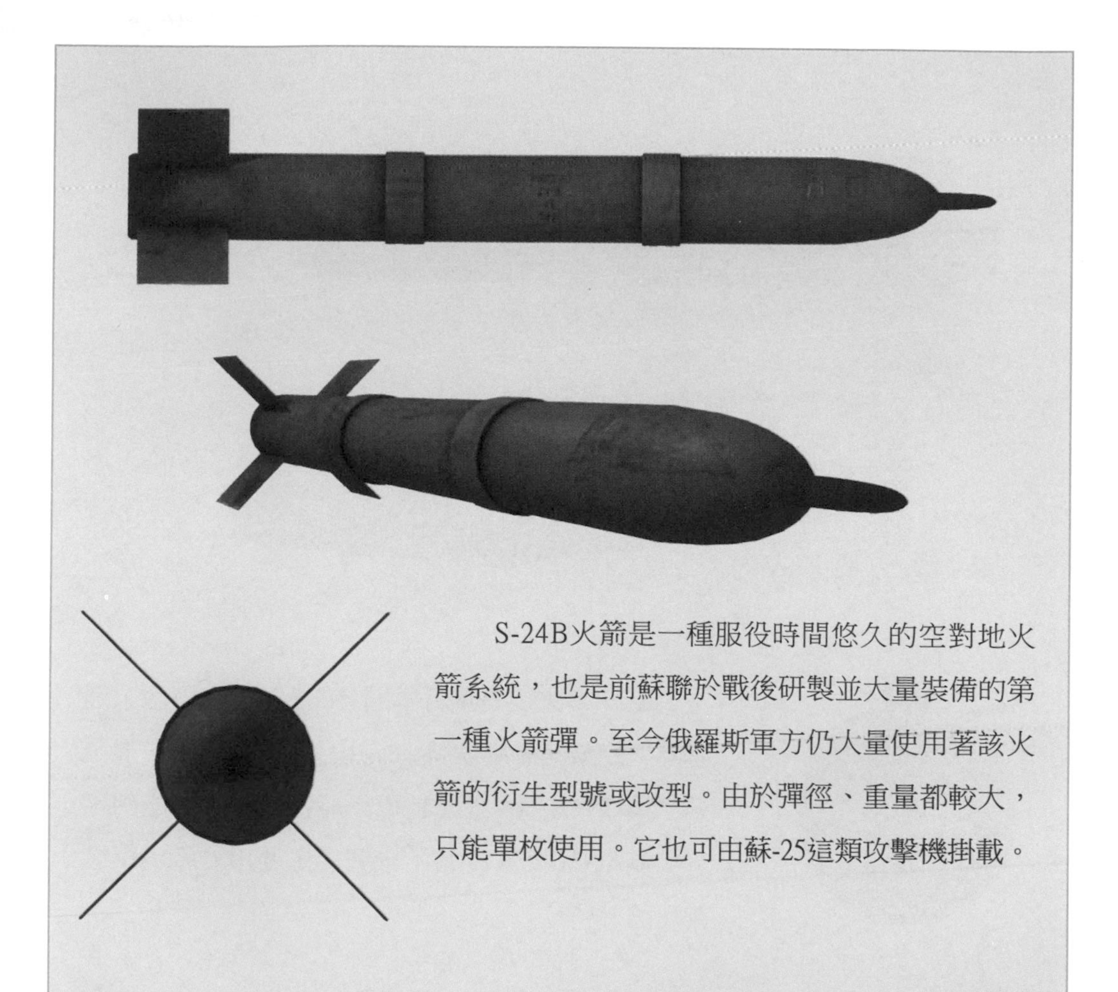

S-24B火箭是一種服役時間悠久的空對地火箭系統，也是前蘇聯於戰後研製並大量裝備的第一種火箭彈。至今俄羅斯軍方仍大量使用著該火箭的衍生型號或改型。由於彈徑、重量都較大，只能單枚使用。它也可由蘇-25這類攻擊機掛載。

原產地：前蘇聯（俄羅斯）	重量：235千克
彈徑：240毫米	長度：2.33米
彈頭重量：123千克高爆碎片彈頭	翼展：不詳
射程：2200米	制導方式：無

S-25LD火箭
S-25LD

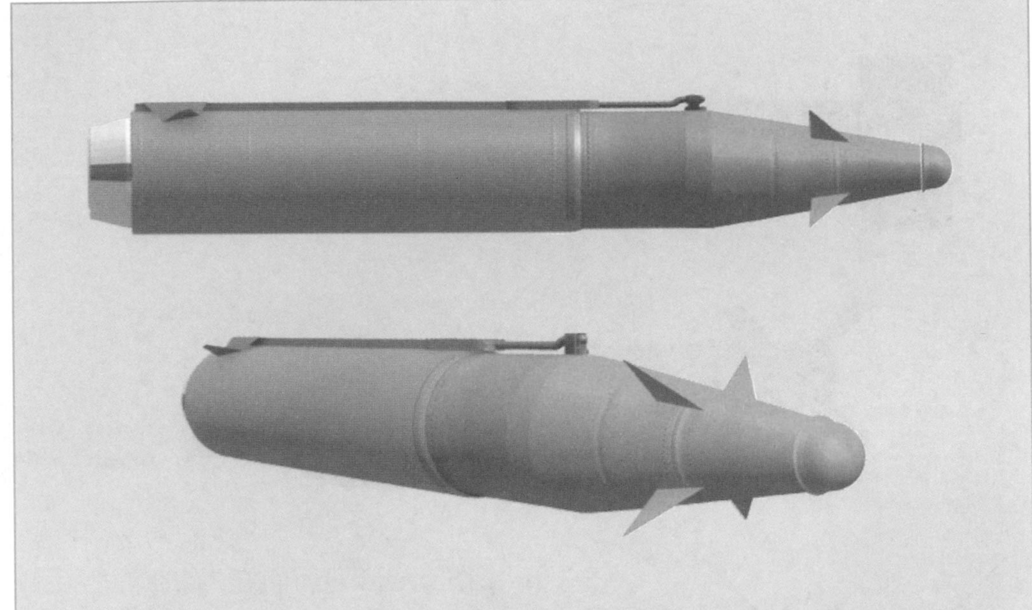

S-25LD火箭是前蘇聯開發的S-25型空對地火箭基本型的激光制導型號，使用這種火箭彈的主要是蘇-25攻擊機。該激光制導火箭彈的作戰效能相當於美制AGM-65「幼畜」飛彈，主要用於戰場反裝甲用途。

原產地：前蘇聯（俄羅斯）	重量：480千克
彈徑：340毫米	長度：3.31米
彈頭重量及類型：190千克高爆/穿甲彈頭	翼展：不詳
射程：3000米	制導方式：半主動激光制導

「風暴陰影」巡弋飛彈

STORM SHADOW

「風暴陰影」飛彈是由歐洲MBDA集團開發的隱形空基發射巡弋飛彈。它可由英國「狂風」GR4、義大利「狂風」IDS、瑞典「鷹獅」、EF2000「颱風」以及法國「幻影」2000和「陣風」等多種戰機搭載使用。該飛彈具備發射後不管能力，發射前預將目標參數輸入彈體，其戰鬥部可採用多種彈頭。

原產地：英/法/德/意	重量：1230千克
彈徑：1660毫米	長度：5.1米
彈頭重量：450千克	舵面翼展：2840毫米
射程：250千米以上	制導方式：慣性+GPS+地形匹配製導

「金牛座」KEPD350巡弋飛彈
TAURUS KEPD350

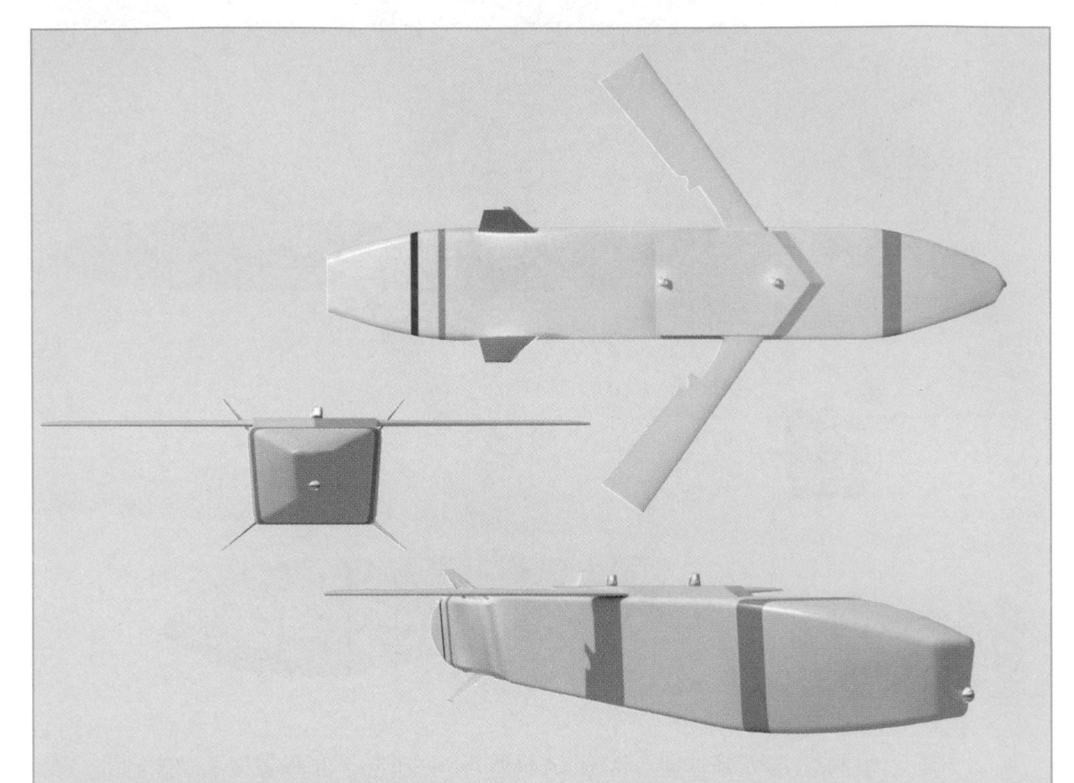

「金牛座」KEPD350巡弋飛彈是一種空基發射的遠程巡弋飛彈，它由德國和西班牙聯合開發。彈體設計採用多項低可探測特徵，其彈頭可兩次爆炸，撞擊堅固目標後，前部裝藥首先定向爆炸，待後部裝藥進入目標內部後再引爆。攻擊時飛彈由中高空俯衝而下撞擊目標，增大彈體穿透能力。

原產地：德國、西班牙	重量：1400千克
彈徑：1080毫米	長度：5.1米
彈頭重量：499千克多效應侵徹彈頭	舵面翼展：2600毫米
射程：500千米以上	制導方式：GPS+地形匹配製導

ZAB-500凝固汽油彈
ZAB-500 NAPALM TANK

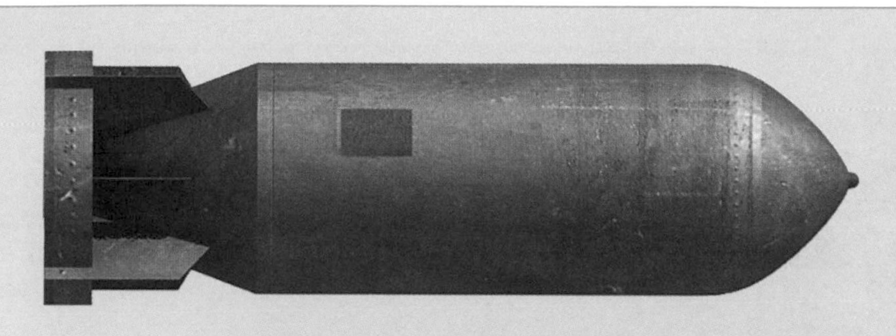

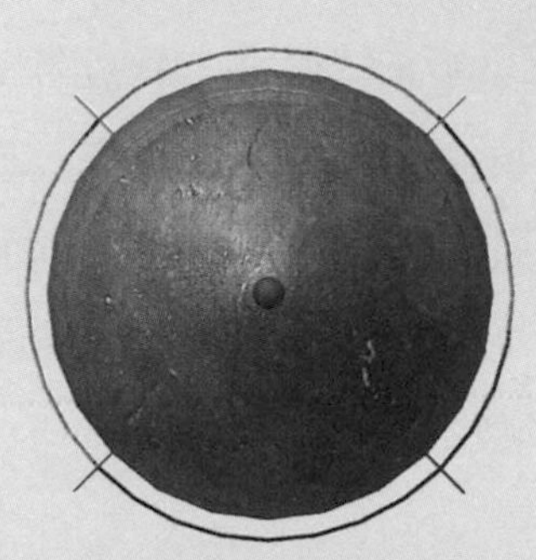

ZAB-500是前蘇聯開發的凝固汽油彈，自誕生以來廣泛配備於蘇聯及前華約國家空軍。它可由多種軍用戰機搭載使用，也可在戰機高速飛行時（1500千米/時）投擲。

原產地：前蘇聯（俄羅斯）	長度：1.95米
彈徑：570毫米	翼展：不詳
彈頭重量：凝固汽油	制導方式：無
重量：428千克	

反艦飛彈

AGM-84「魚叉」飛彈

AGM-84 HARPOON

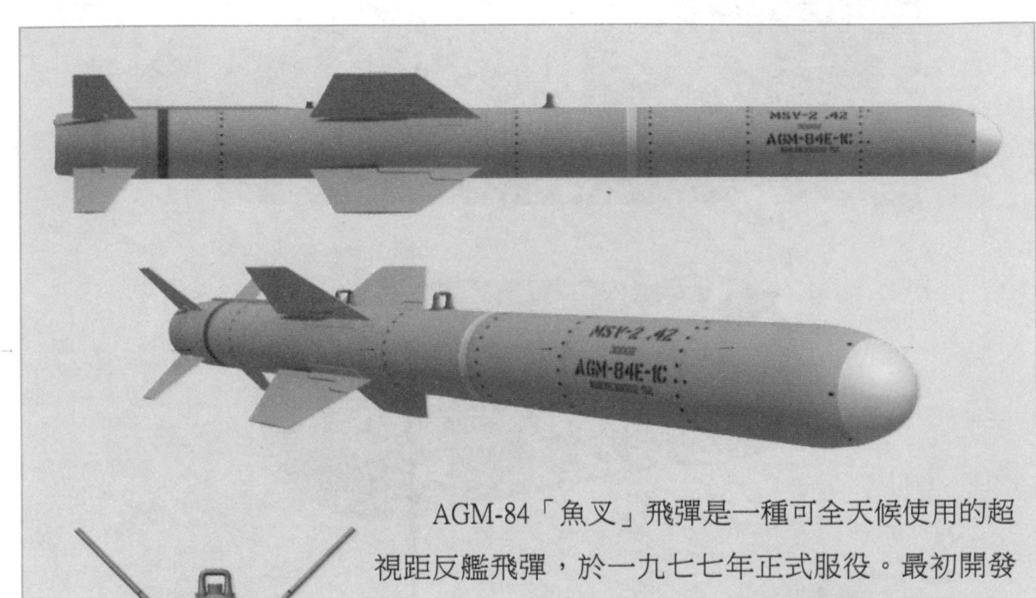

AGM-84「魚叉」飛彈是一種可全天候使用的超視距反艦飛彈，於一九七七年正式服役。最初開發時，用於配備P-3「獵戶座」海上巡航/反潛機。之後，這種空基發射巡弋飛彈亦被改裝用於配備B-52H轟炸機，後者可搭載8～12枚該型飛彈。以其原型為基礎，之後出現了多種衍生型和改型。

原產地：美國	重量：519～628千克（取決於發射平臺）
彈徑：340毫米	長度：4.7米
彈頭重量：271千克	舵面翼展：910毫米
射程：93～315千米（取決於發射平臺）	制導方式：主動雷達引導

AGM-84H「防區外陸攻飛彈—擴展反應」（SLAM-ER）飛彈
AGM-84H SLAM-ER

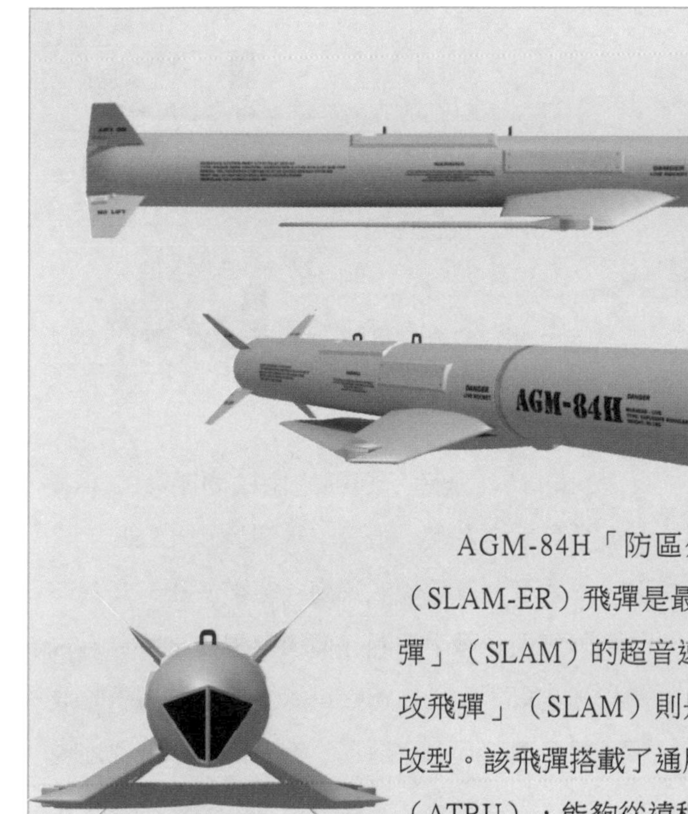

AGM-84H「防區外陸攻飛彈—擴展反應」（SLAM-ER）飛彈是最初亞音速「防區外陸攻飛彈」（SLAM）的超音速升級型號，而「防區外陸攻飛彈」（SLAM）則是AGM-84「魚叉」飛彈的改型。該飛彈搭載了通用電子自動化目標識別單元（ATRU），能夠從遠程發射，自動攻擊陸上或海上目標，是一種真正的發射後不管的武器系統。

原產地：美國	重量：635千克
彈徑：343毫米	長度：4.36米
彈頭類型：高爆彈頭	舵面翼展：2.18米
射程：240千米以上	制導方式：環形激光陀螺+紅外圖像引導

MM38「飛魚」飛彈
EXOCET

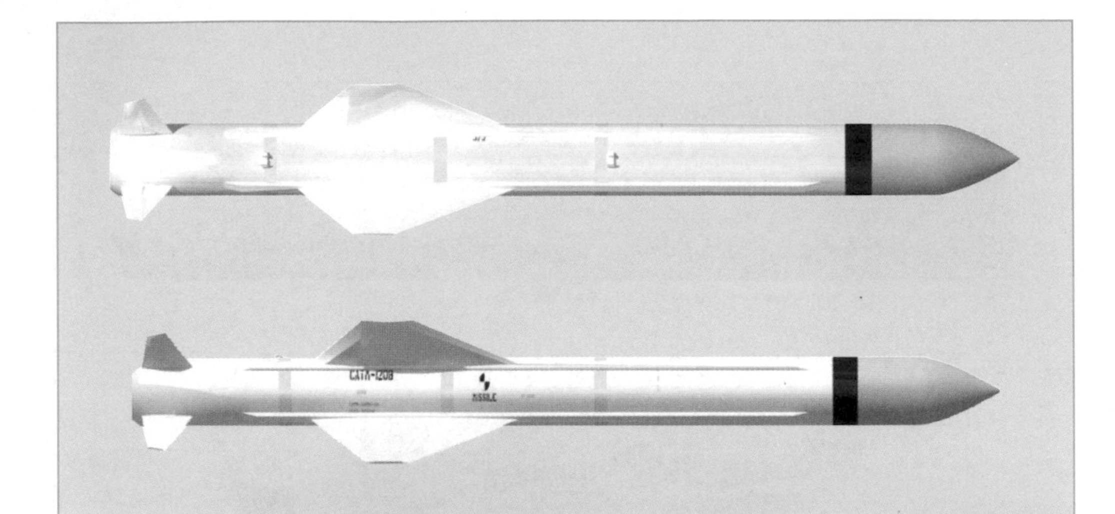

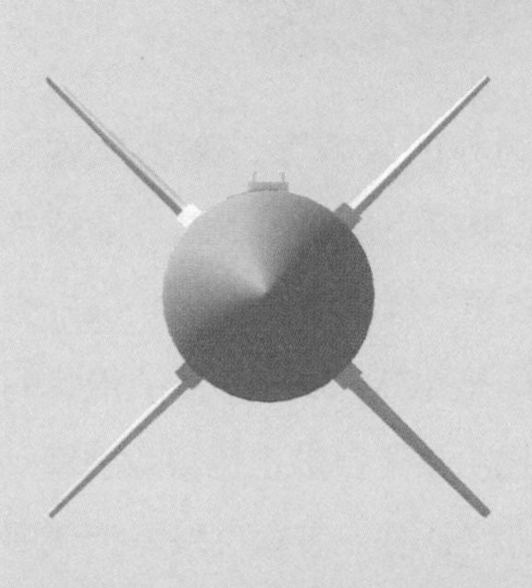

MM-38「飛魚」飛彈是由法國開發的著名反艦飛彈。空基型「飛魚」飛彈於一九七四年開發，一九七九年裝備法國海、空軍。在一九八二年英阿爾馬島戰爭期間，僅擁有數枚該型飛彈的阿根廷空軍，利用「超級軍旗」攻擊機搭載此飛彈，擊沉了英國皇家海軍「謝菲爾德」號驅逐艦和「大西洋運輸者」運輸船。

原產地：法國	重量：670千克
彈徑：348毫米	長度：4.7米
彈頭重量及類型：165千克高爆彈頭	舵面翼展：1100毫米
射程：70～180千米	制導方式：慣性+主動雷達引導

「鸕鷀」飛彈
KORMORAN

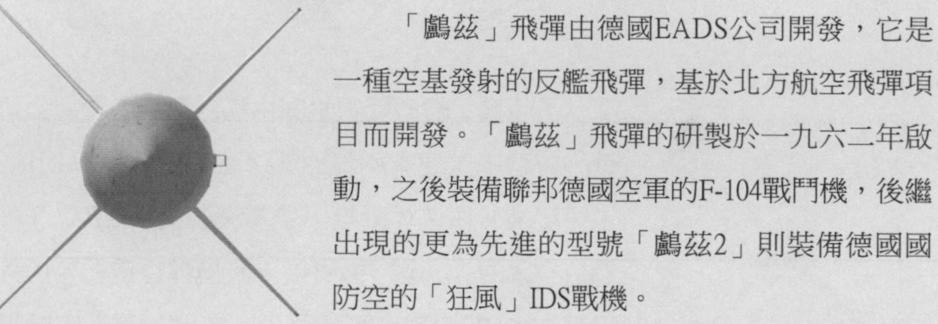

「鸕鷀」飛彈由德國EADS公司開發，它是一種空基發射的反艦飛彈，基於北方航空飛彈項目而開發。「鸕鷀」飛彈的研製於一九六二年啟動，之後裝備聯邦德國空軍的F-104戰鬥機，後繼出現的更為先進的型號「鸕鷀2」則裝備德國國防空的「狂風」IDS戰機。

原產地：德國	重量：630千克
彈徑：344毫米	長度：4.4米
彈頭重量及類型：220千克高爆彈頭	舵面翼展：1220毫米
射程：35千米	制導方式：慣性+主動雷達引導

「企鵝」飛彈

PENGUIN

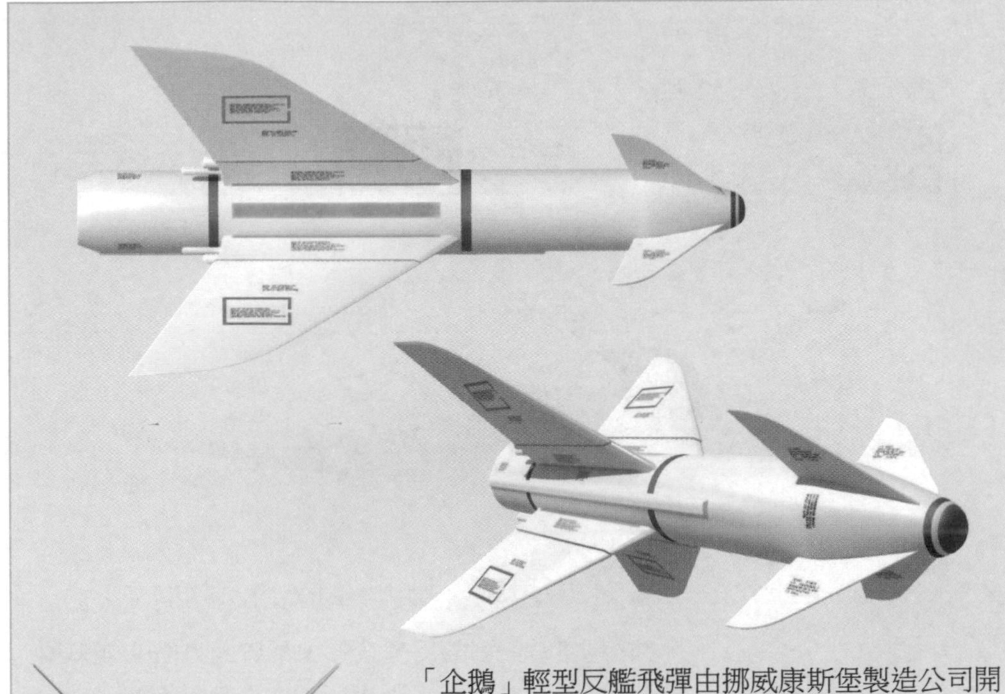

「企鵝」輕型反艦飛彈由挪威康斯堡製造公司開發。該飛彈主要有兩種改型：艦基發射的MKII型，主要配備於快速攻擊艇；空基發射的MKIII型，可由挪威空軍的F-16戰鬥機掛載。該飛彈目前在包括美國海軍在內的9個國家軍隊服役，美國為其指定編號為AGM-119。

原產地：挪威	重量：370千克
彈徑：280毫米	長度：3.2米
彈頭重量及類型：130千克高爆彈頭	翼展：1000毫米
射程：55千米	制導方式：被動紅外引導

RBS-15F飛彈

RBS-15F ANTI-SHIP MISSILE

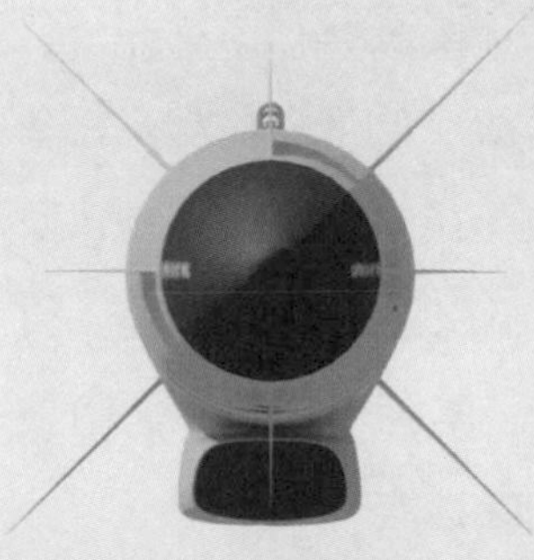

RBS-15F飛彈由瑞典開發，是一種具備發射後不管能力的遠程空對艦/艦對艦飛彈系統。前一種型號一九八七年配備於瑞典空軍。以該飛彈的原型為基礎還出現過多個衍生型號，包括二〇一〇年開始研發的超遠射程MKIV型。該飛彈可由JAS-39「鷹獅」戰鬥機搭載使用。

原產地：瑞典	重量：800千克
彈徑：500毫米	長度：4.33米
彈頭重量及類型：200千克高爆彈頭	舵面翼展：1400毫米
射程：250千米	制導方式：慣性+主動雷達引導

航空炸彈/制導炸彈

反混凝土航空炸彈（BETAB）

BETAB

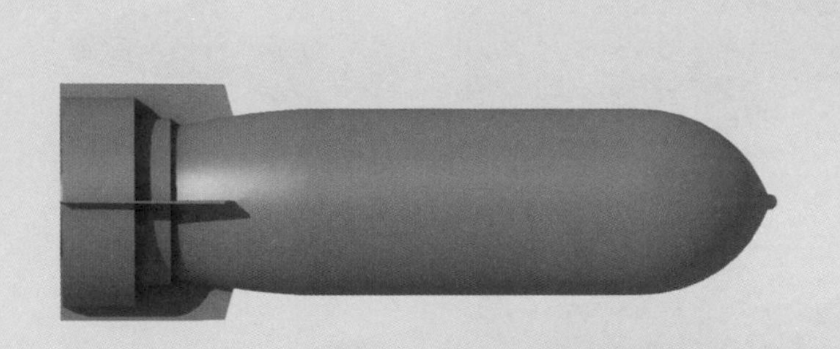

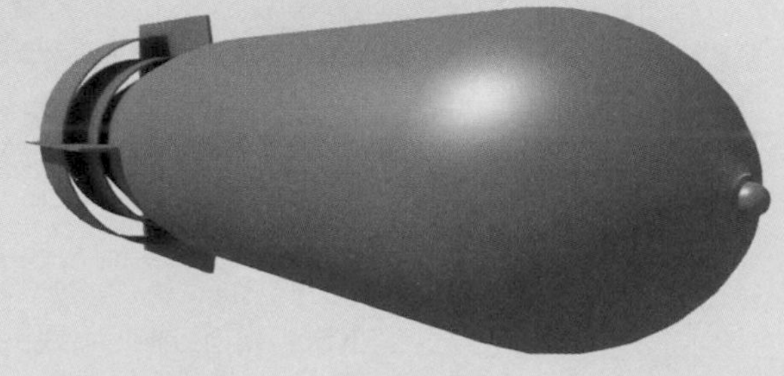

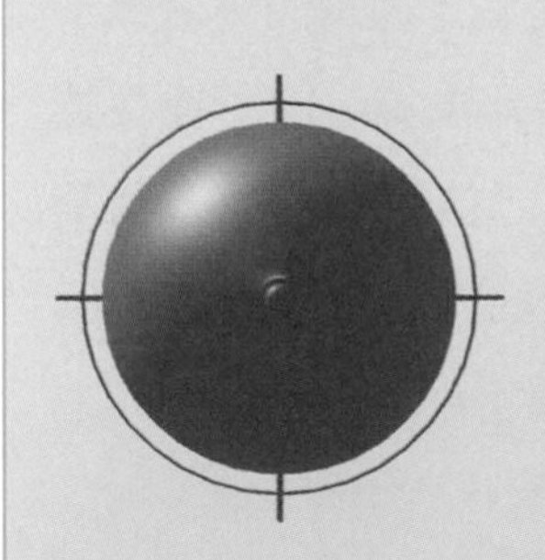

BETAB是「反混凝土航空炸彈」的俄文縮寫，它準確地描述了這種炸彈的主要用途。後來以該炸彈為原型出現了兩種較重要的衍生型號：BETAB-500，這是一種自由落體炸彈；BETAB-500ShP，其彈尾加裝了火箭推進器，以進一步提升對混凝土的穿透能力。

原產地：前蘇聯（俄羅斯）	重量：477千克
彈徑：230毫米	長度：2.2米
彈頭重量及類型：226千克高爆彈頭	舵面翼展：無
射程：無	制導方式：無

BLG1000激光制導炸彈
BLG1000

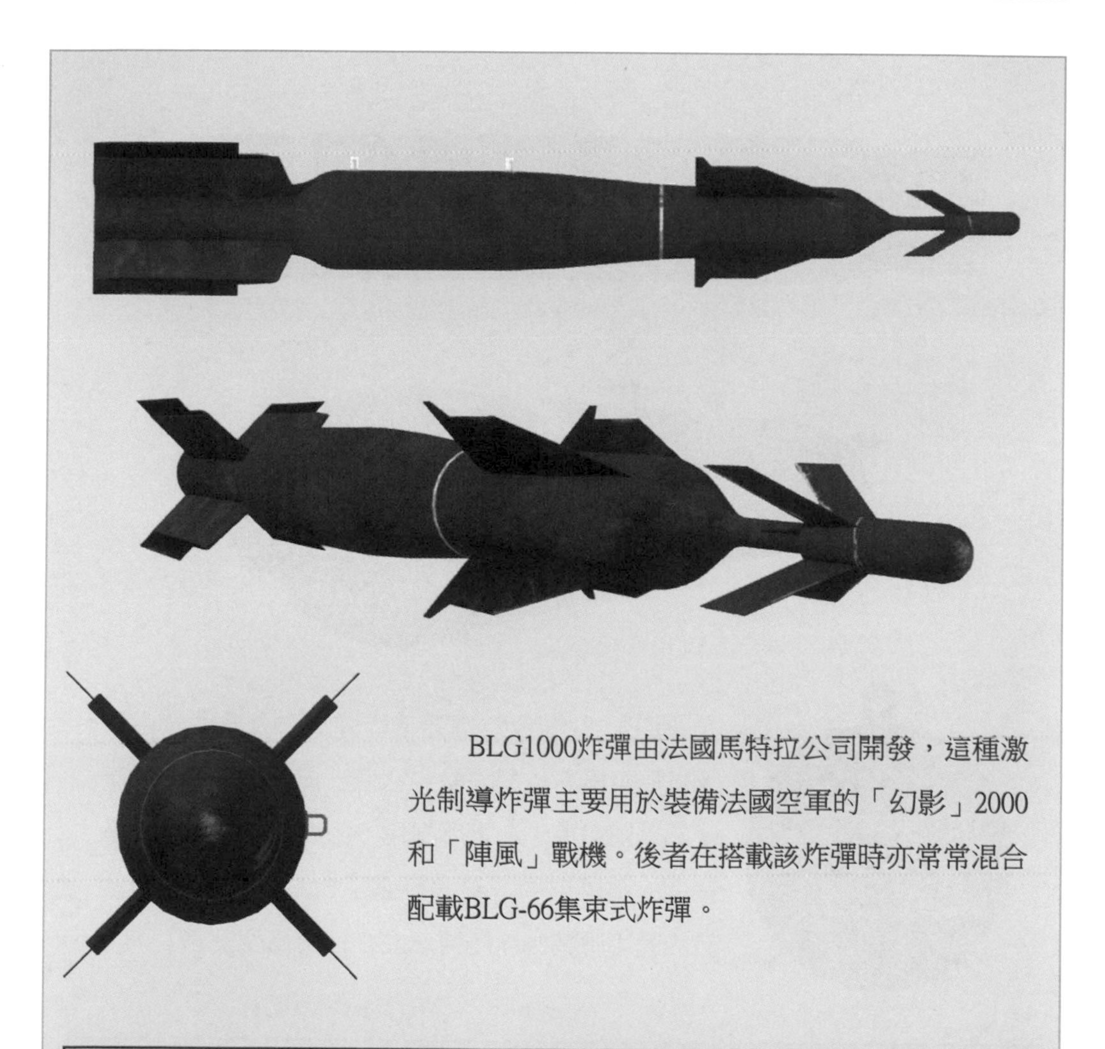

BLG1000炸彈由法國馬特拉公司開發，這種激光制導炸彈主要用於裝備法國空軍的「幻影」2000和「陣風」戰機。後者在搭載該炸彈時亦常常混合配載BLG-66集束式炸彈。

原產地：法國	重量：970千克
彈徑：9003毫米	長度：4.37米
彈頭重量及類型：226千克高爆彈頭	射程：7～13千米
制導方式：激光引導	舵面翼展：不詳

CBU-87聯合效應彈藥集束炸彈

GBU-87 COMBINED EFFECTS MUNITION

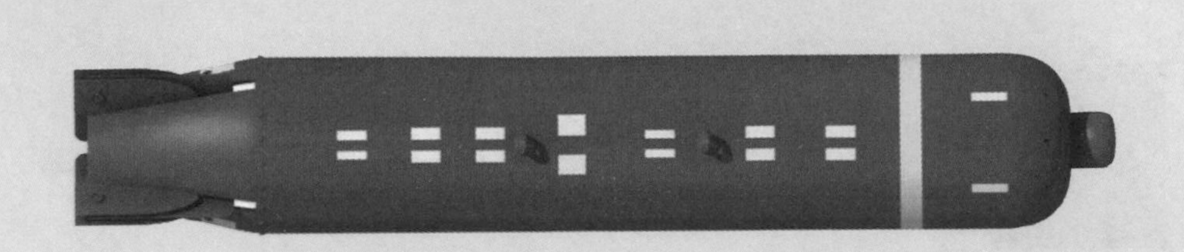

CBU-87聯合效應彈藥炸彈於一九八六年由美國杭尼韋爾等公司開發，它是一種集束式彈藥，廣泛為美國空軍、海軍所採用。一九九一年海灣戰爭期間，美國空中力量共投擲了10035枚這種彈藥。該炸彈可由戰機以任何速度在任何高度投擲。

原產地：美國	重量：430千克
彈徑：390毫米	長度：2.36米
彈頭類型：202枚穿甲子彈藥	舵面翼展：無
射程：無	制導方式：無

FAB-250炸彈
FAB-250

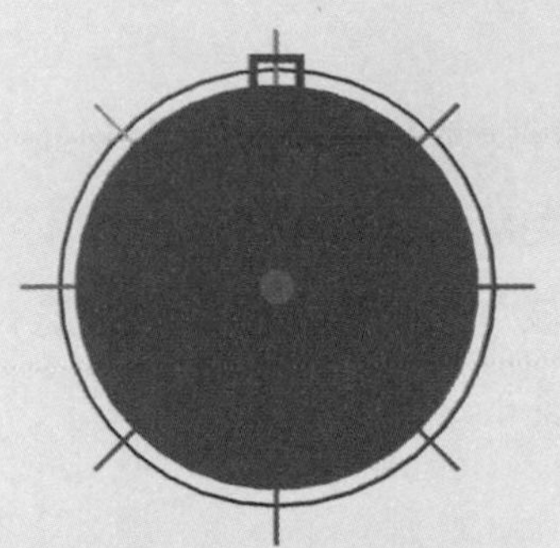

FAB-250炸彈是前蘇聯開發的配備於戰術飛機的通用航空炸彈。FAB是俄語「通用航空炸彈」的首字母縮寫。它的設計與開發最初可追溯至二戰時期的一九四四年。戰後，前蘇聯一直在對其改進，其衍生型和改型至今仍在使用。

原產地：前蘇聯（俄羅斯）	重量：250千克
彈徑：381毫米	長度：不詳
彈頭類型：高爆彈頭	舵面翼展：無
射程：無	制導方式：無

FAB-500炸彈
FAB-500

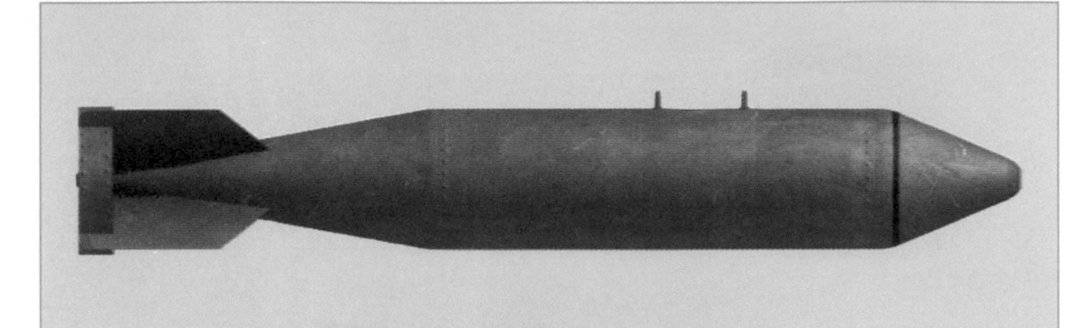

FAB-500和FAB-250炸彈都是在同一時期開發的，當時蘇聯開發了四種重量規模的航空炸彈，FAB-500也是其中一種。該炸彈投擲、使用範圍廣泛，戰後甚至前蘇聯解體後亦一直被使用。

原產地：前蘇聯（俄羅斯）	重量：500千克
彈徑：457毫米	長度：不詳
彈頭類型：高爆彈頭	舵面翼展：無
射程：無	制導方式：無

FAB-1500炸彈
FAB-1500

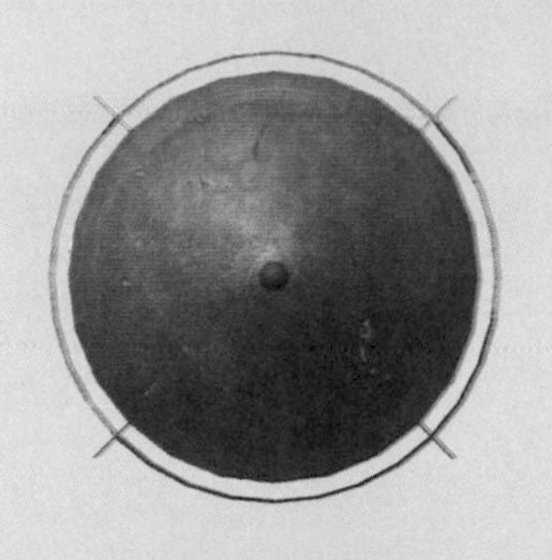

FAB-1500炸彈也屬前蘇聯FAB系列炸彈中的一種，其重量為1500千克，但由於該炸彈從高速飛行的載機上投擲後飛行彈道性能較差，加之彈體壁較薄、重量較大，並未被廣泛使用。一九五四年一種彈體壁更厚的衍生型號出現。

原產地：前蘇聯（俄羅斯）	重量：1500千克
彈徑：609毫米	長度：不詳
彈頭類型：高爆彈頭	舵面翼展：無
射程：無	制導方式：無

GBU-10激光制導炸彈
GBU-10

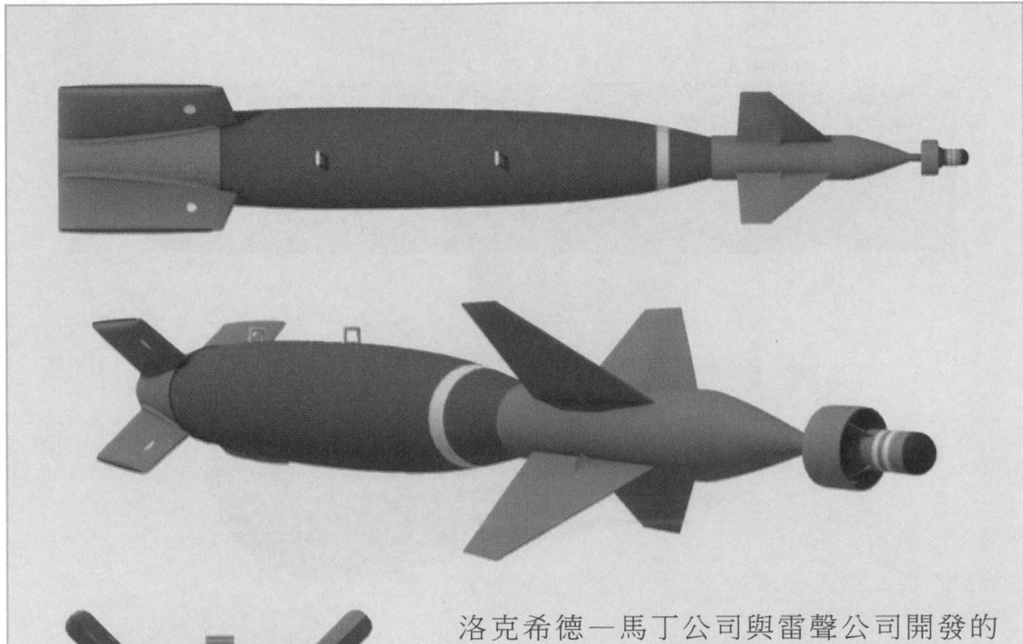

洛克希德－馬丁公司與雷聲公司開發的GBU-10炸彈，屬於「鋪路石II」系列激光制導炸彈，它基於Mk84通用炸彈，在其主部加裝激光接收裝置改裝而成，後繼又衍生出其他採用不同彈翼和GPS制導裝置的型號。該制導炸彈目前仍為美國及前北約國家戰機廣泛使用。

原產地：美國	重量：906千克
彈徑：460毫米	長度：3.84米
彈頭類型：高爆彈頭	舵面翼展：1490毫米
射程：14.8千米	制導方式：激光引導

GBU-12激光制導炸彈
GBU-12

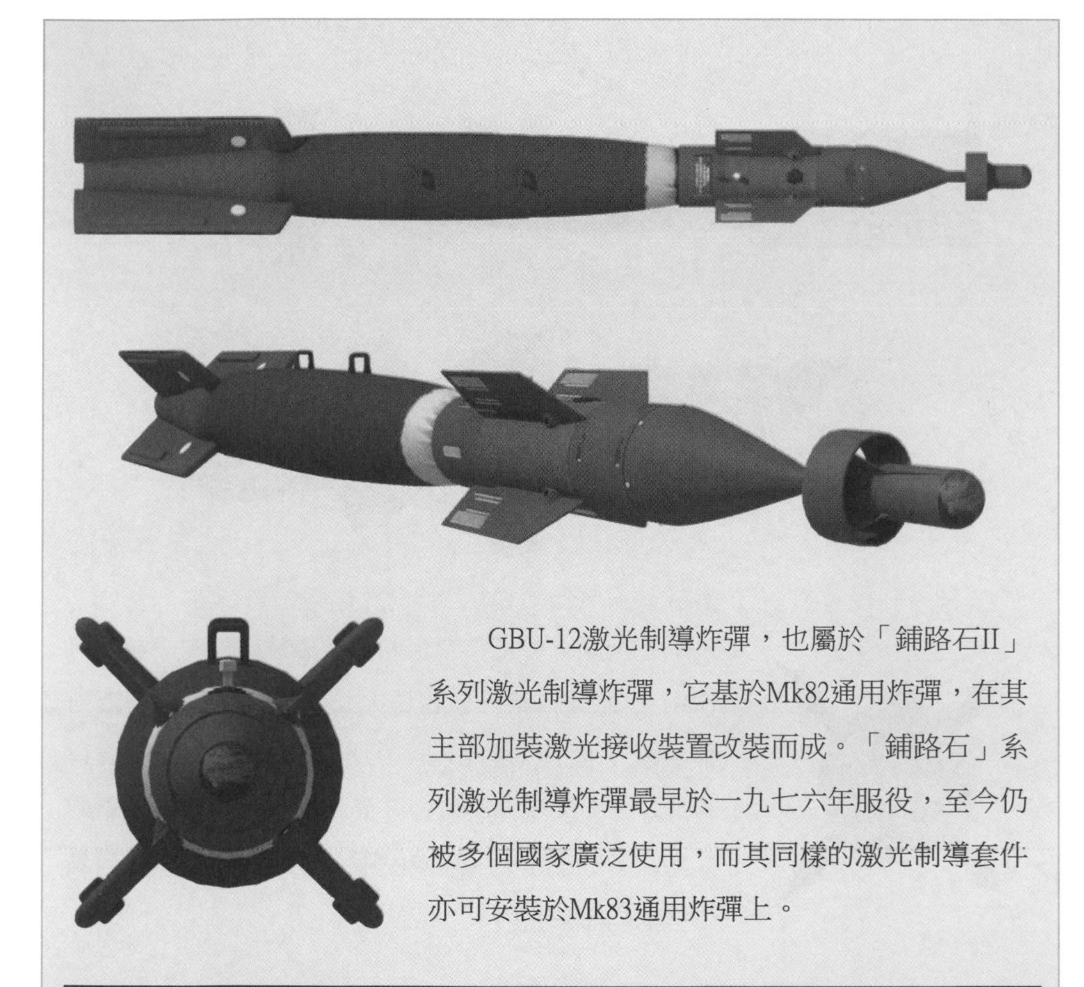

GBU-12激光制導炸彈，也屬於「鋪路石II」系列激光制導炸彈，它基於Mk82通用炸彈，在其主部加裝激光接收裝置改裝而成。「鋪路石」系列激光制導炸彈最早於一九七六年服役，至今仍被多個國家廣泛使用，而其同樣的激光制導套件亦可安裝於Mk83通用炸彈上。

原產地：美國	重量：227千克
彈徑：273毫米	長度：3.27米
彈頭類型：高爆彈頭	舵面翼展：1490毫米
射程：14.8千米	制導方式：激光引導

GBU-13激光制導炸彈

GBU-13

在美國軍方正式編定的彈藥編號序列中，並沒有GBU-13這種彈藥，但習慣上這一編號用於非官方指稱英國安裝了「鋪路石」系列激光制導套件的Mk13普通炸彈。該激光制導炸彈最初配合英國皇家空軍的「海盜」Mk2低空攻擊機使用，後來「狂風」戰鬥轟炸機也能搭載使用。

原產地：美國/英國	重量：453千克
彈徑：457毫米	長度：4.32米
彈頭類型：高爆彈頭	舵面翼展：490毫米
射程：低空投擲1500米	制導方式：激光引導

GBU-15電視制導炸彈
GBU-15

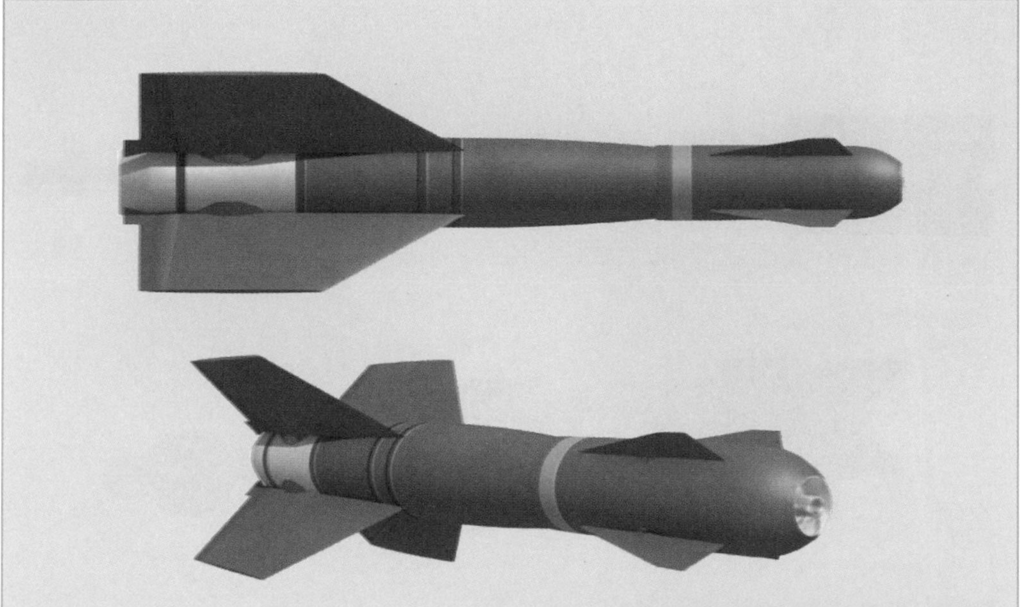

GBU-15是一種無動力的滑翔制導炸彈，用於摧毀高價值目標，可由F-15E攻擊機搭載使用。以該彈為原型亦開發出遠程反艦的型號，可由B-52轟炸機使用。發射前，機載武器控制人員選擇目標，發射後根據飛彈傳回戰場圖像引導其飛往預定目標。

原產地：美國	重量：4400千克
彈徑：457毫米	長度：3.9米
彈頭類型：高爆彈頭	舵面翼展：1500毫米
射程：9~28千米	制導方式：電視/紅外成像引導

GBU-16激光制導炸彈
GBU-16

GBU-16也屬於「鋪路石II」系列的激光制導炸彈，它是基於Mk83普通炸彈加裝激光制導套件後改裝而成。該炸彈同樣由洛克希德—馬丁和雷聲公司製造，據稱其命中精度可達到1米。

原產地：美國	重量：454千克
彈徑：360毫米	長度：3.7米
彈頭類型：高爆彈頭	舵面翼展：1500毫米
射程：14.8千米	制導方式：激光引導

GBU-22激光制導炸彈

GBU-22

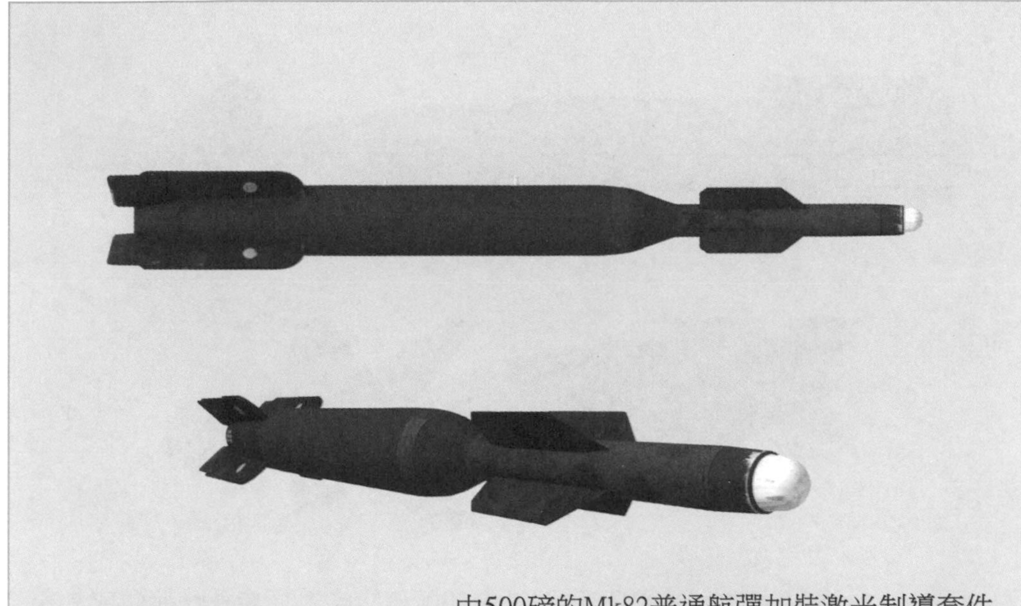

由500磅的Mk82普通航彈加裝激光制導套件後改裝而成的GBU-22激光制導炸彈，屬於「鋪路石III」系列制導炸彈，它也是以往「鋪路石II」系列飛彈的更新替代產品。但由於美國空軍嫌其彈頭威力較小，並未大量採用；相反，它的外銷則較為成功，不少外國空軍採購這種彈藥。

原產地：美國	重量：227千克
彈徑：270毫米	長度：3.5米
彈頭類型：高爆彈頭	舵面翼展：490毫米
射程：低空投擲3千米	制導方式：激光引導

GBU-24激光制導炸彈
GBU-24

GBU-24是由2000磅級的普通炸彈改裝而成，屬於「鋪路石III」系列彈藥，與「鋪路石II」系列中同重量的彈藥相比，它擁有更遠的滑翔距離，此外它採用更先進的激光接收和飛行控制套件，成本較原來昂貴，適於攻擊防護嚴密的高價值目標。該彈藥命中精度較高，可從通風豎井管道中進入地下目標內部爆炸。

原產地：美國	重量：906千克
彈徑：370毫米	長度：4.32米
彈頭類型：高爆彈頭	舵面翼展：1650毫米
射程：18.4千米	制導方式：激光引導

GBU-27激光制導炸彈
GBU-27

GBU-27也屬於「鋪路石III」系列激光制飛彈藥，但它實際上是GBU-24彈藥的改進型，可由F-117A「夜鷹」隱形戰鬥機搭載並使用。一九九一年海灣戰爭期間，F-117A戰機多次投擲該彈藥用於攻擊伊軍地下目標和設施，期間出現一次誤炸事件，導致400餘名伊平民喪生。

原產地：美國	重量：906千克
彈徑：370毫米	長度：4.3米
彈頭類型：高爆彈頭	舵面翼展：1650毫米
射程：18.4千米	制導方式：激光引導

GBU-31聯合直接攻擊彈藥（Mk84 JDAM）

GBU-31 (Mk84 JDAM)

GBU-31是2000磅級的Mk84普通炸彈加裝採用GPS制導的聯合直接攻擊彈藥套件後的新軍用編號，也稱為聯合直接攻擊彈藥（Mk84 JDAM）。彈藥發射後，利用慣性和GPS接收裝置制導，對目標具備較高的命中精度。

原產地：美國	重量：925千克
彈徑：458毫米	長度：3.28米
彈頭類型：高爆彈頭	舵面翼展：無
射程：28千米	制導方式：慣性+GPS引導

GBU-32聯合直接攻擊彈藥（Mk83 JDAM）
GBU-32 (Mk83 JDAM)

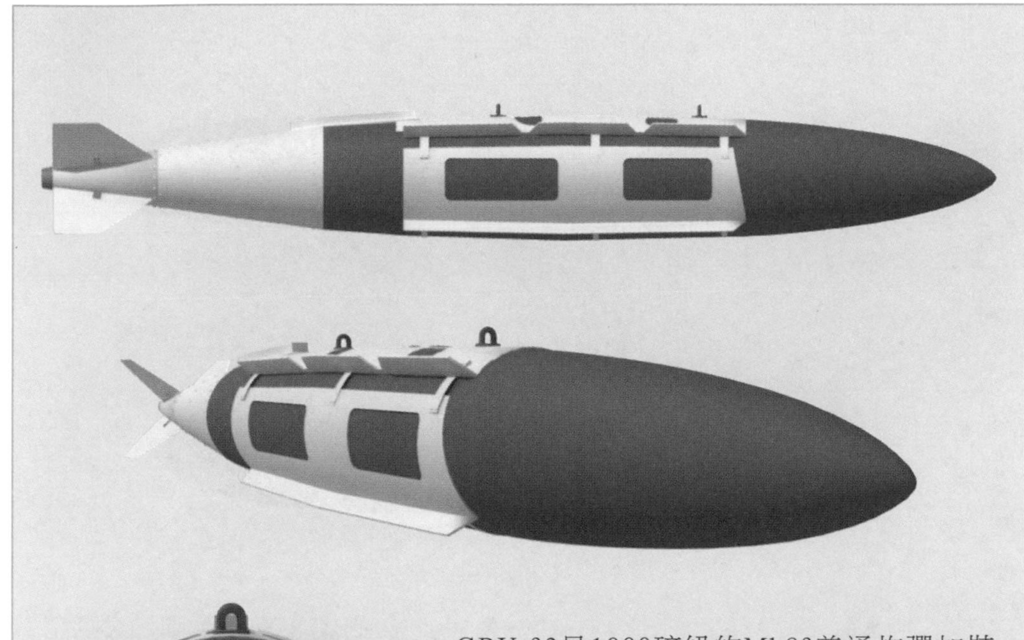

GBU-32是1000磅級的Mk83普通炸彈加裝採用GPS制導的聯合直接攻擊彈藥套件後的新軍用編號，也稱為聯合直接攻擊彈藥（Mk83 JDAM）。與同類的激光精確制飛彈藥相比，採用慣性和GPS制導的JDAM彈藥可全天候使用。

原產地：美國	重量：453千克
彈徑：590毫米	長度：3～3.9米
彈頭類型：高爆彈頭	舵面翼展：無
射程：28千米	制導方式：慣性+GPS引導

GBU-38J聯合直接攻擊彈藥（Mk82JDAM）
GBU-38J (Mk82JDAM)

GBU-38是500磅級的Mk82普通炸彈加裝採用GPS制導的聯合直接攻擊彈藥套件後的新軍用編號，也稱為聯合直接攻擊彈藥（Mk82 JDAM）。該彈藥首次投入實戰是在二〇〇四年的伊拉克，當時兩架F-16戰機利用2枚該型炸彈摧毀了兩棟據信藏有恐怖分子的建築物。

原產地：美國	重量：227千克
彈徑：273毫米	長度：2.22米
彈頭類型：高爆彈頭	舵面翼展：無
射程：28千米	制導方式：慣性+GPS引導

GBU-39小直徑炸彈（SDB）
GBU-39 SMALL DIAMETER BOMB

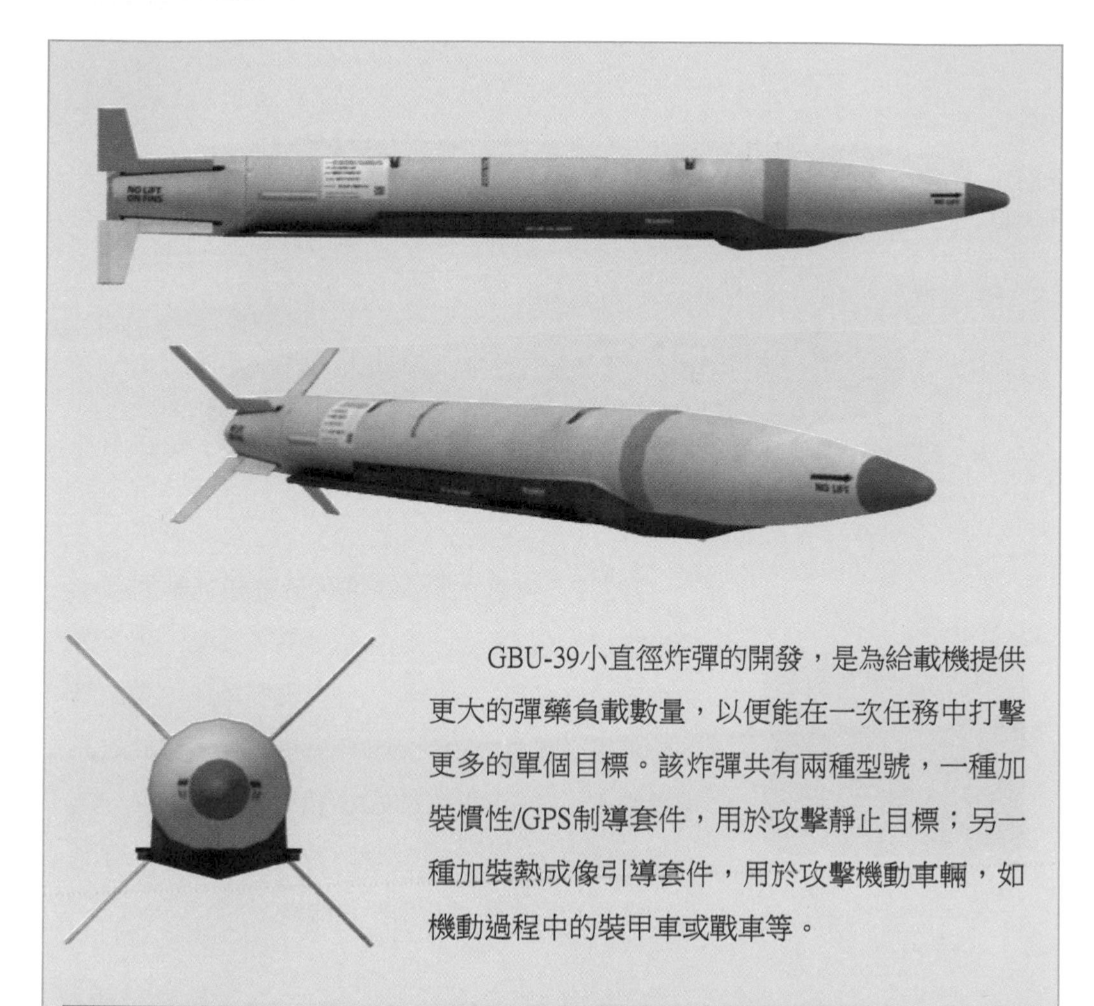

GBU-39小直徑炸彈的開發，是為給載機提供更大的彈藥負載數量，以便能在一次任務中打擊更多的單個目標。該炸彈共有兩種型號，一種加裝慣性/GPS制導套件，用於攻擊靜止目標；另一種加裝熱成像引導套件，用於攻擊機動車輛，如機動過程中的裝甲車或戰車等。

原產地：美國	重量：129千克
彈徑：190毫米	長度：1.8米
彈頭類型：高密度鈍感金屬炸藥彈頭	舵面翼展：無
射程：110千米	制導方式：慣性+GPS引導/紅外引導

JP233子彈藥布撒器
JP233 MUNITIONS DISPENSER

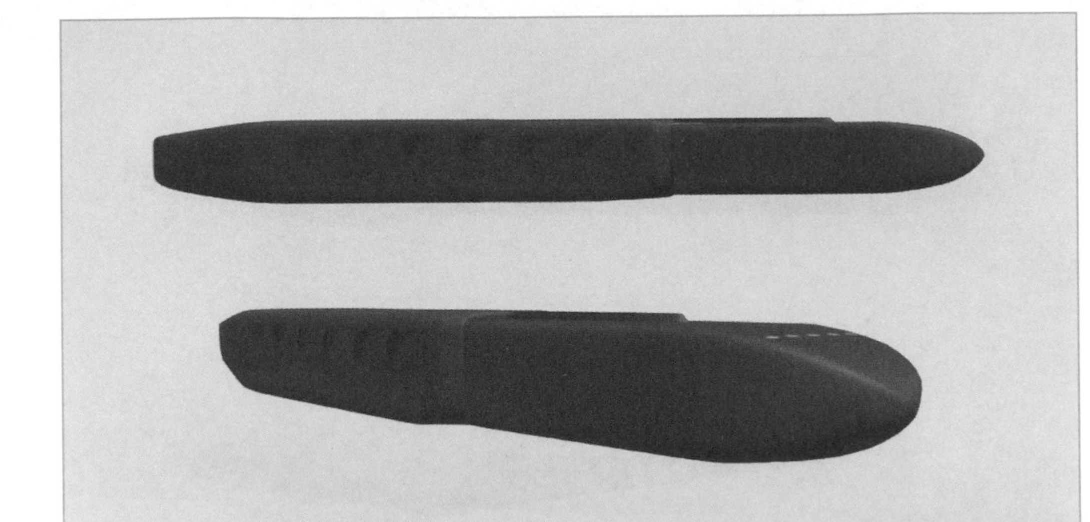

JP233子彈藥布撒器主要用於摧毀前華約國家機場跑道，布撒器可布撒多種類型子彈藥，防止對方機場搶修人員在短時間內恢復機場功能。布撒器內分兩段，後段內置SG.357侵徹爆破彈，用於炸毀機場跑道；前段內置HB.867區域地雷。一九九一年海灣戰爭中，英國和沙烏地阿拉伯的「狂風」戰鬥轟炸機曾利用此彈藥攻擊伊軍機場。

原產地：英國	子彈藥重量：28.5千克
彈徑：無	長度：無
彈頭類型：無	舵面翼展：無
射程：無	制導方式：無

KAB-500KR

KAB-500KR

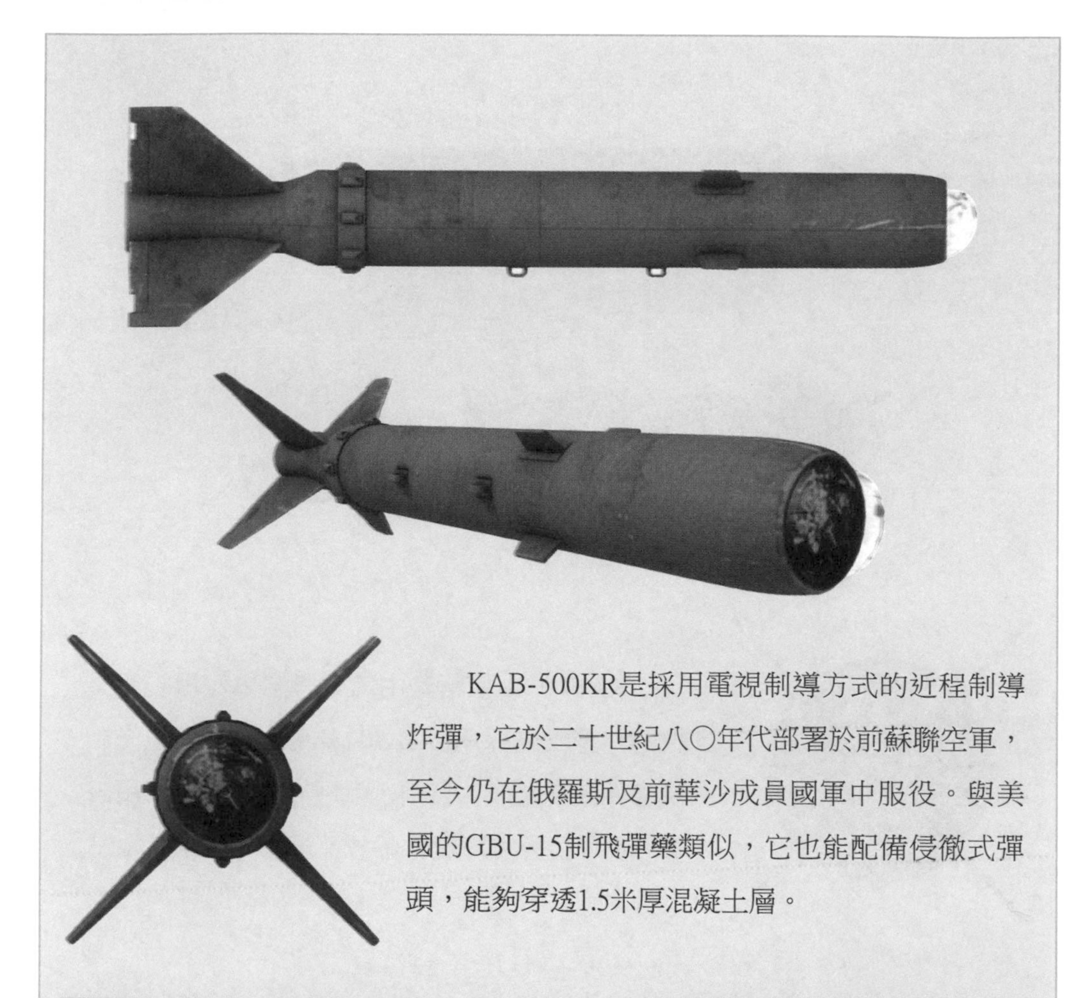

KAB-500KR是採用電視制導方式的近程制導炸彈，它於二十世紀八〇年代部署於前蘇聯空軍，至今仍在俄羅斯及前華沙成員國軍中服役。與美國的GBU-15制飛彈藥類似，它也能配備侵徹式彈頭，能夠穿透1.5米厚混凝土層。

原產地：前蘇聯（俄羅斯）	重量：560千克
彈徑：不詳	長度：3.05米
彈頭類型：高爆/侵徹式彈頭	舵面翼展：不詳
射程：17千米	制導方式：電視制導

KAB-500L激光制導炸彈

KAB-500L

KAB-500L彈藥是由前蘇聯空軍使用的激光制導炸彈，它採用FAB-500普通炸彈加裝激光制導套件改裝而成。目前，俄羅斯空軍仍在使用該型彈藥，此外，印度也都曾採購過這種彈藥。

原產地：前蘇聯（俄羅斯）	重量：525千克
彈徑：400毫米	長度：3.05米
彈頭重量及類型：380千克高爆彈頭	舵面翼展：750毫米
射程：10千米	制導方式：激光引導

KAB-1500KR電視制導炸彈
KAB-1500KR

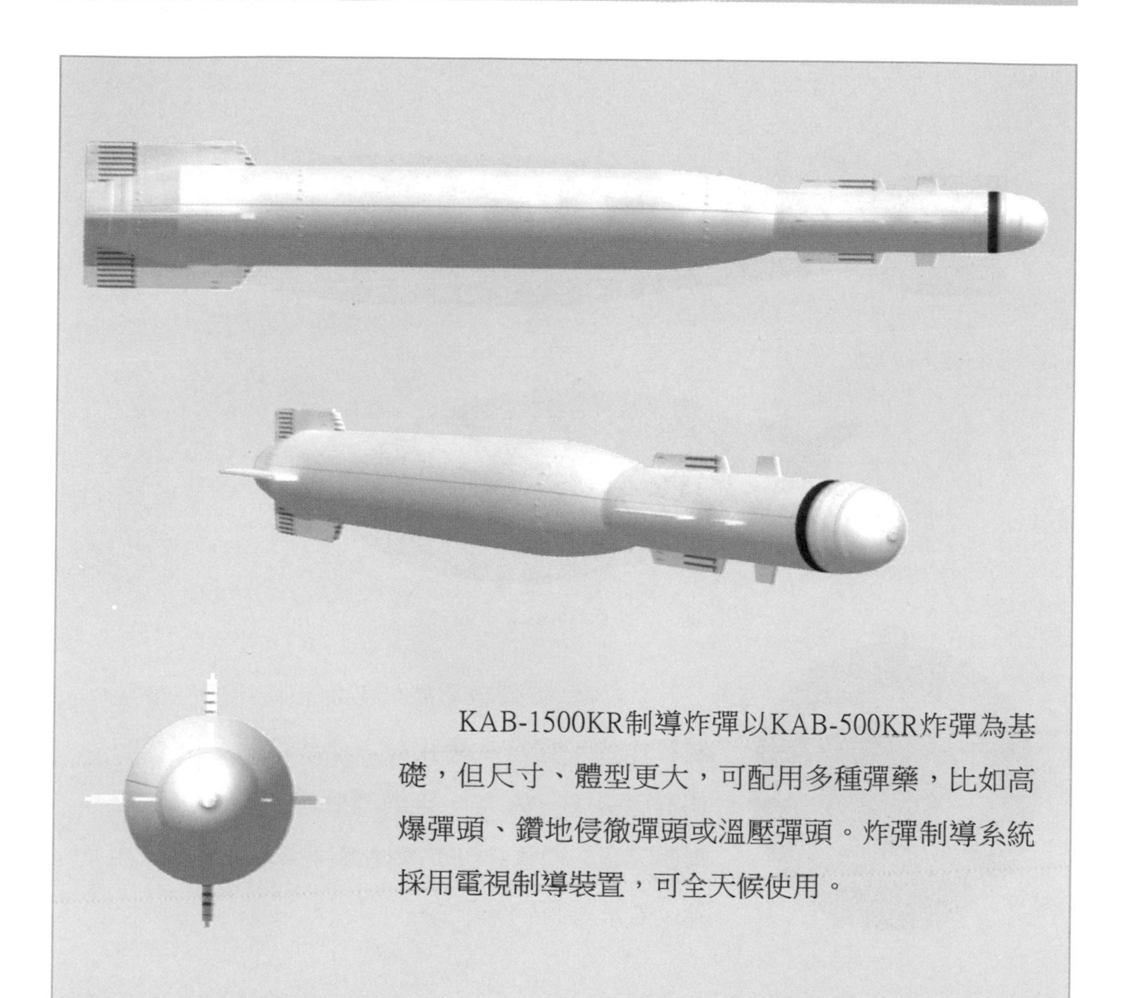

KAB-1500KR制導炸彈以KAB-500KR炸彈為基礎，但尺寸、體型更大，可配用多種彈藥，比如高爆彈頭、鑽地侵徹彈頭或溫壓彈頭。炸彈制導系統採用電視制導裝置，可全天候使用。

原產地：前蘇聯（俄羅斯）	子彈藥重量：1525千克
彈徑：580毫米	長度：4.63米
彈頭類型：高爆/侵徹/溫壓彈頭	舵面翼展：1300
射程：17千米	制導方式：電視制導

M117炸彈
M117

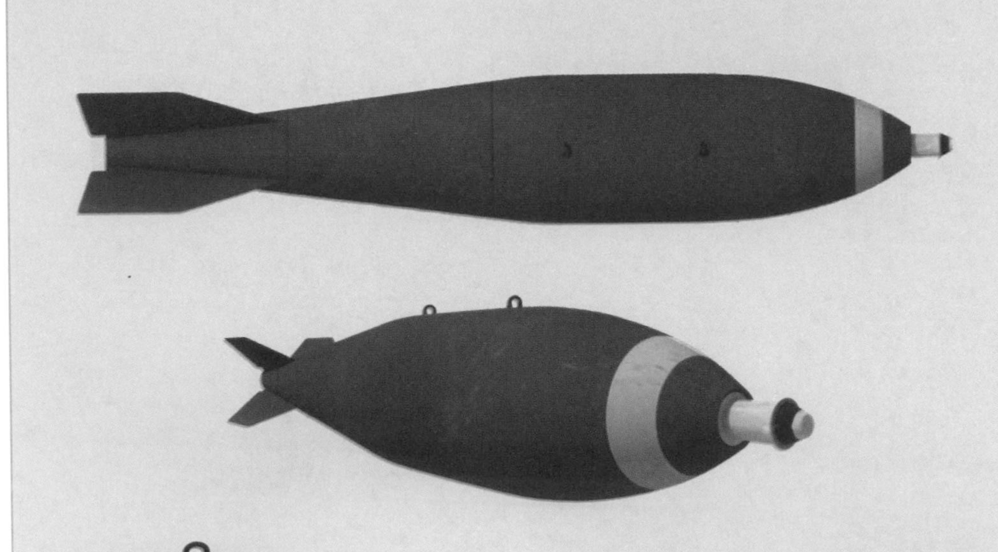

M117是美國空軍廣泛裝備和使用的空投無制導炸彈，它首次應用於二十世紀五〇年代的朝鮮戰爭，一九九一年海灣戰爭期間，美國空軍B-52轟炸機曾向伊軍陣地和目標大量投擲該炸彈，數量達到4.46萬枚。

原產地：美國	重量：340千克
彈徑：408毫米	長度：2.16米
彈頭類型：高爆彈頭	舵面翼展：520毫米
射程：無	制導方式：無

Mk82炸彈
MK82

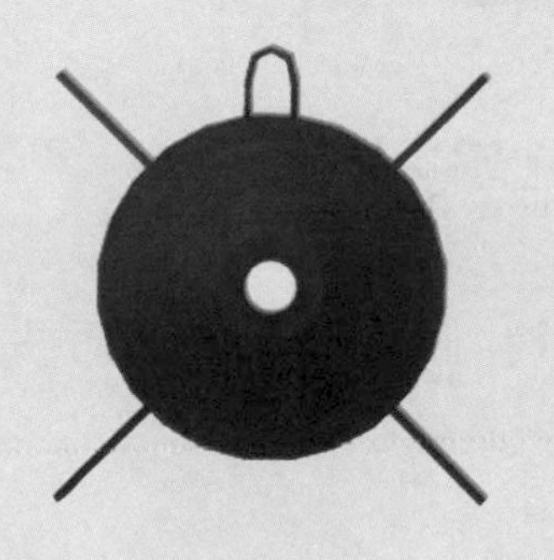

Mk82炸彈也是美軍廣泛使用的一種通用型低阻炸彈。它是目前美國空軍武器庫中重量最小的炸彈。以其為基礎，與激光制導改裝套件或GPS制導改裝套件結合後，構成不同的精確制導炸彈。

原產地：美國	重量：227千克
彈徑：273毫米	長度：2.2米
彈頭類型：高爆彈頭	舵面翼展：無
射程：無	制導方式：無

RBK-250集束炸彈

RBK-250

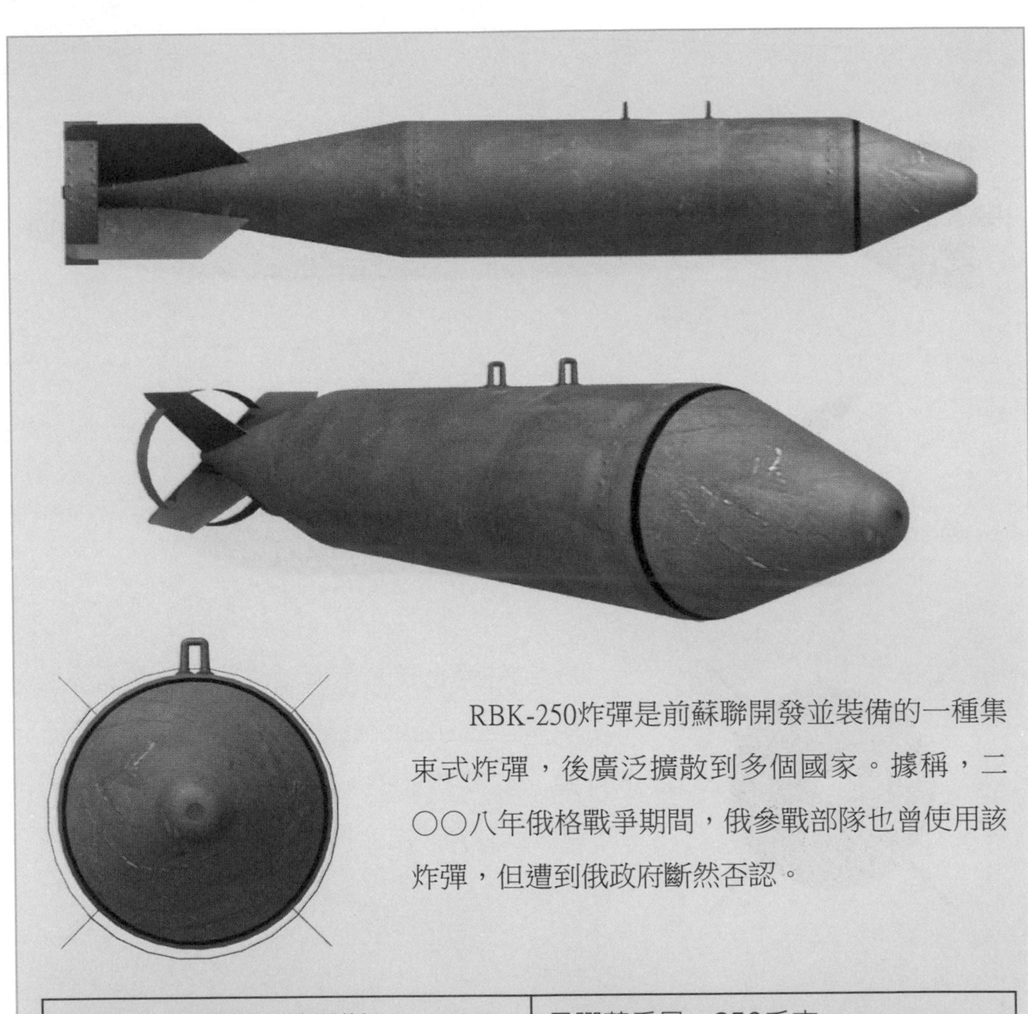

RBK-250炸彈是前蘇聯開發並裝備的一種集束式炸彈，後廣泛擴散到多個國家。據稱，二〇〇八年俄格戰爭期間，俄參戰部隊也曾使用該炸彈，但遭到俄政府斷然否認。

原產地：前蘇聯（俄羅斯）	子彈藥重量：250千克
彈徑：不詳	長度：不詳
彈頭類型：集束式子彈藥	舵面翼展：不詳
射程：無	制導方式：無

任務莢艙

AAR-50導航前視紅外莢艙（NAVFLIR）
AAR-50 NAVFLIR

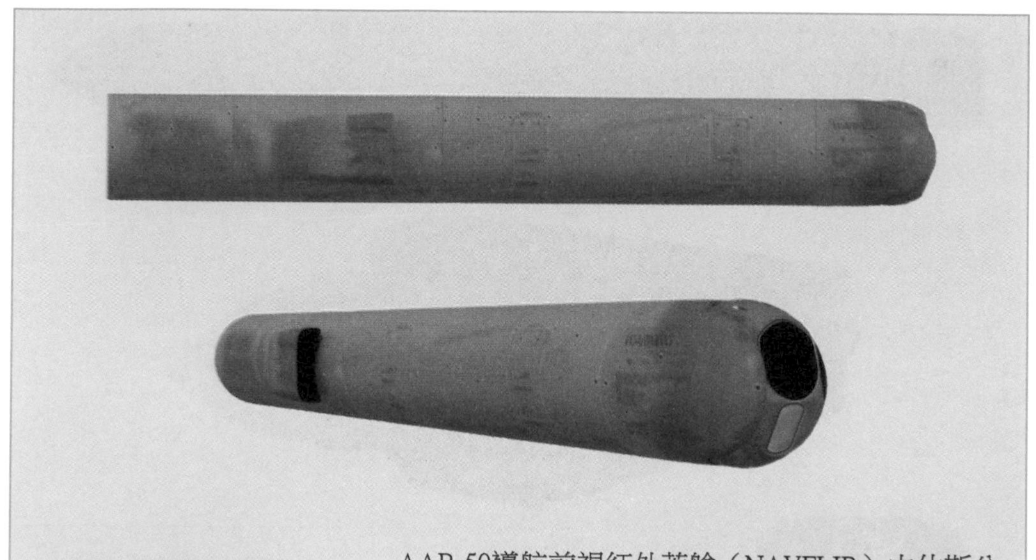

AAR-50導航前視紅外莢艙（NAVFLIR）由休斯公司開發，與低空飛行的戰機搭配使用，可為其提供夜間或惡劣天氣條件下飛行時的導航服務。美國海軍的F/A-18「大黃蜂」系列戰鬥機配備有該莢艙，用於為飛行員提供夜間的高品質地形導航圖像。

原產地：美國	重量：97千克
直徑：250毫米	長度：1.98米
舵面翼展：無	作用距離：不詳
制導方式：無	

ALQ 131電子戰莢艙

ALQ 131 ECM POD

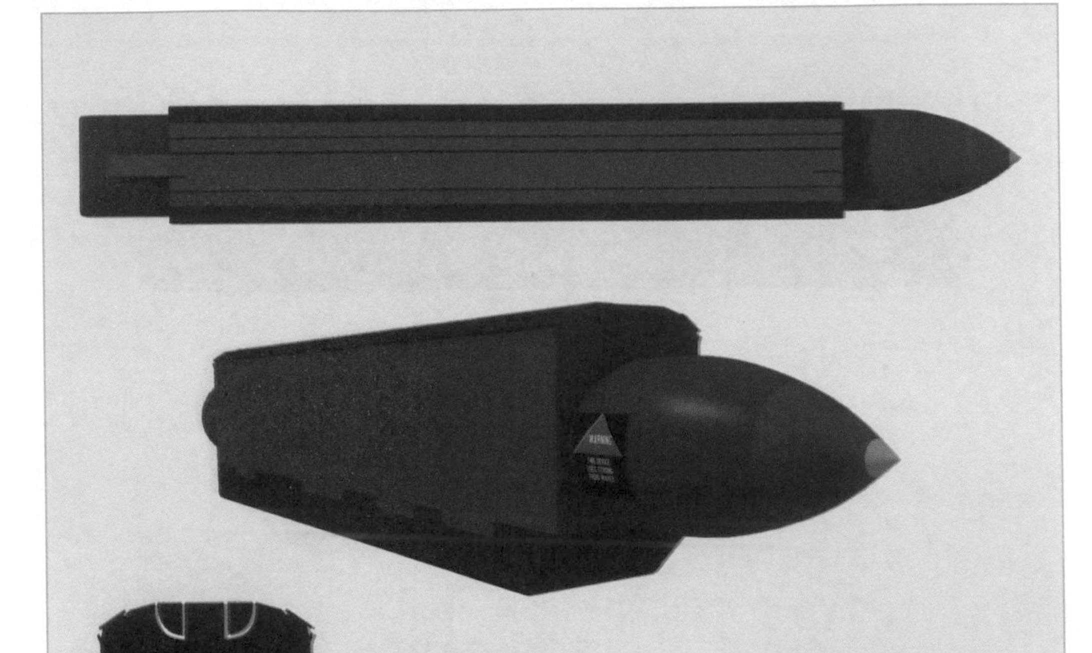

該電子戰莢艙主要用於戰機在危險空域的電子防禦，可供美國大多數現役戰術戰機搭載使用。ALQ 131電子戰莢艙首次應用於實戰在一九七六年，之後歷經多次改進和升級，目前仍在服役。

原產地：美國	重量：306千克
直徑：300毫米	長度：3.05米
舵面翼展：無	作用距離：不詳
制導方式：無	

AN/AAQ-13「藍盾」（LANTIRN）導航莢艙
AN/AAQ-13 LANTIRN NAVIGATION POD

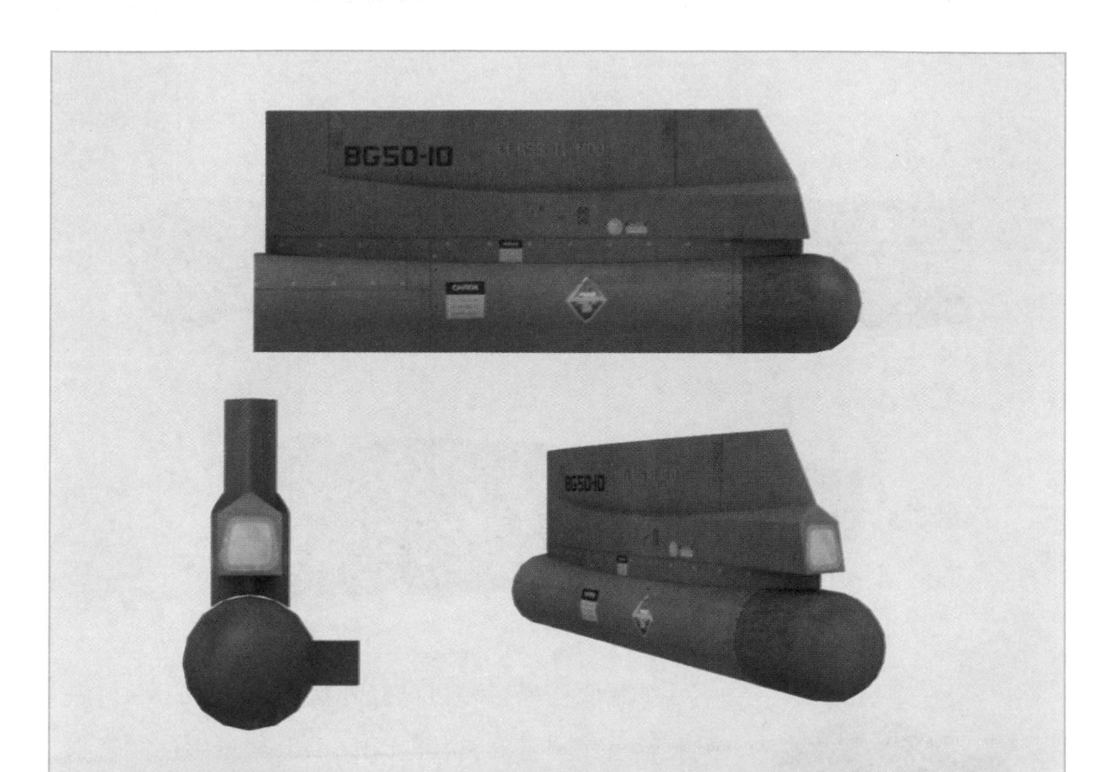

AN/AAQ-13導航莢艙為載機在夜間和惡劣天氣條件下，提供高品質精確攻擊導航能力。它包括一個地面跟蹤雷達和一部固定紅外傳感裝置，為載機控制系統提供探測到的地形，提示飛行員對可能的障礙進行規避。它所提供的地形紅外圖像同時也直接顯示在飛行員的抬頭顯示器上。

原產地：美國	子彈藥重量：204.6千克
直徑：305毫米	長度：1.99米
舵面翼展：無	作用距離：不詳
傳感器：紅外/雷達	

AN/AAQ-14「藍盾」（LANTIRN）目標指示莢艙

AN/AAQ-14 LANTIRN TARGETING POD

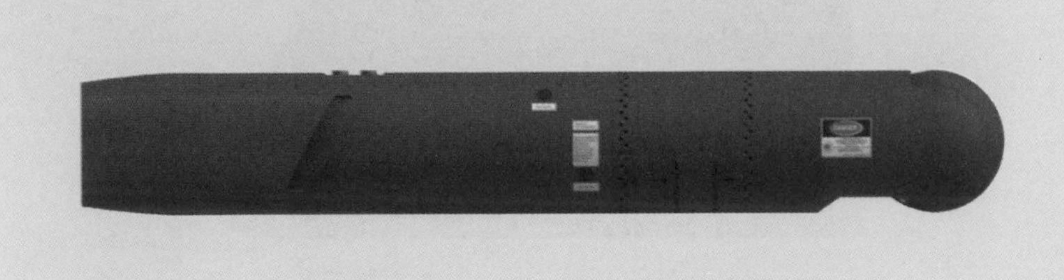

夜間低空導航和目標紅外指示（LANTIRN）系列莢艙是美國空軍為其F-15E、F-16等戰機配備的戰術功能莢艙。AN/AAQ-14目標指示莢艙也屬於該莢艙系列，它使載機能夠在夜間或惡劣天氣條件下進行低空飛行時，為搭載的精確制飛彈藥進行導航和目標指示。

原產地：美國	子彈藥重量：240.7千克
直徑：380毫米	長度：2.51米
舵面翼展：無	作用距離：不詳
傳感器：紅外/激光目標指示	

APK-93數據鏈莢艙
APK-93 DATALINK POD

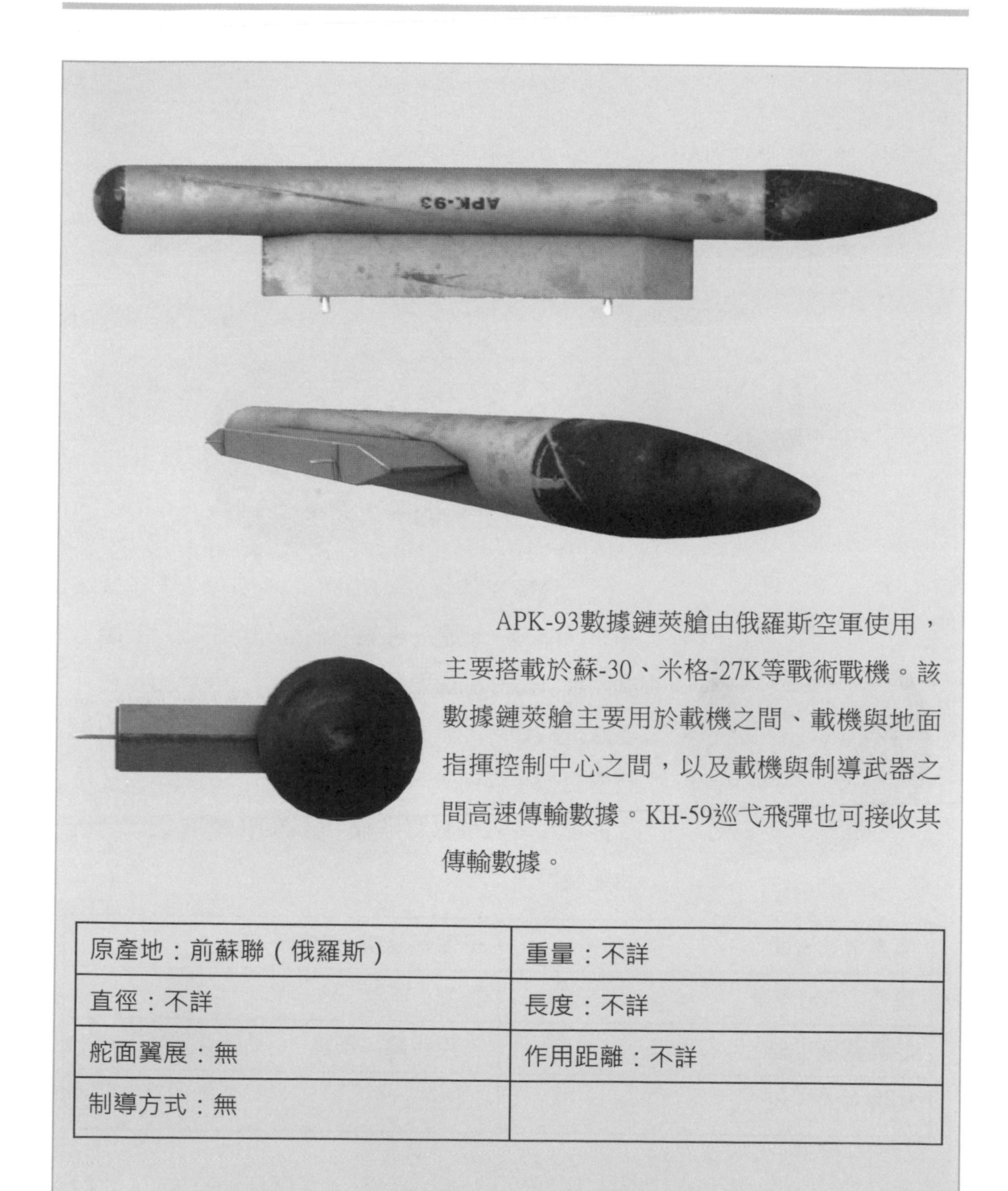

APK-93數據鏈莢艙由俄羅斯空軍使用，主要搭載於蘇-30、米格-27K等戰術戰機。該數據鏈莢艙主要用於載機之間、載機與地面指揮控制中心之間，以及載機與制導武器之間高速傳輸數據。KH-59巡弋飛彈也可接收其傳輸數據。

原產地：前蘇聯（俄羅斯）	重量：不詳
直徑：不詳	長度：不詳
舵面翼展：無	作用距離：不詳
制導方式：無	

「達摩克李斯」莢艙
DAMOCLES POD

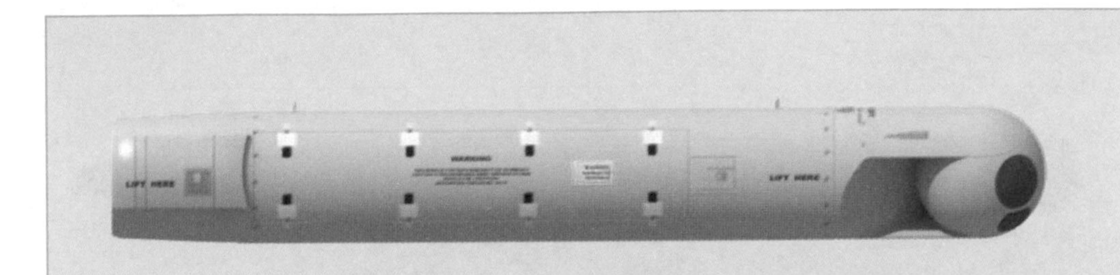

「達摩克李斯」（Damocles）莢艙由泰李斯法國公司開發，也是一種第三代紅外目標指示莢艙。其內置的紅外攝像頭具備兩倍光學變焦能力。在天氣狀況較好時，該系統可探測並跟蹤36千米外的飛行器目標。目前，「幻影」2000、「超級軍旗」及「陣風」等戰機都可搭載，蘇-30KM戰機經改裝後也能使用。

原產地：法國	子彈藥重量：300千克
直徑：300毫米	長度：不詳
舵面翼展：無	作用距離：不詳
制導方式：無	

LITENING目標指示莢艙
LITENING TARGETING POD

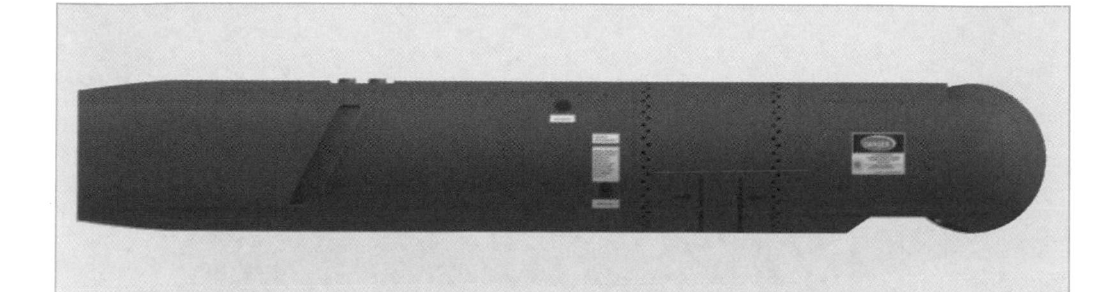

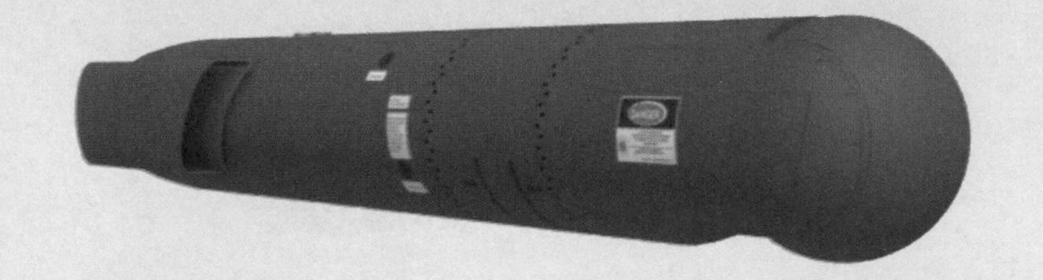

LITENING目標指示莢艙目前廣泛配備於多種美國軍用飛機，搭載在戰機外部，通過該莢艙的前視紅外傳感器，目標可清晰地顯示給飛行員。它的前視域較寬廣，在為其加裝激光指示裝置後，也能為激光制飛彈藥提供指引。

原產地：美國	子彈藥重量：200千克
直徑：406毫米	長度：2.2米
舵面翼展：無	作用距離：不詳
制導方式：無	

AN/AAS-35「鋪路便士」（Pave Penny）目標指示莢艙

PAVE PENNY TARGETING POD

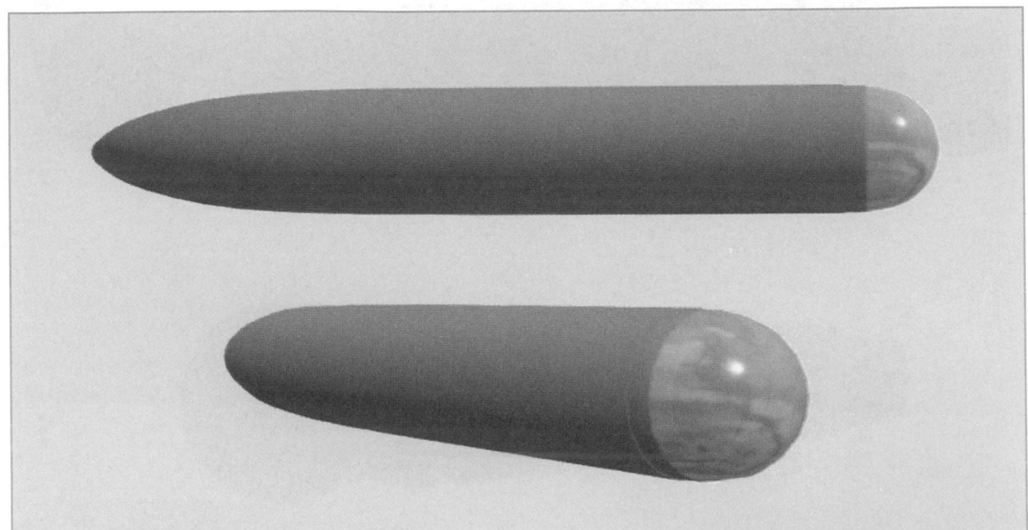

AN/AAS-35「鋪路便士」目標指示莢艙由洛克希德公司開發，由攻擊機掛載為其投擲的激光制飛彈藥指示目標。投擲彈藥的載機無法使用自身掛載的AN/AAS-35莢艙發射的指示激光，只能由夥伴戰機上的莢艙提供指引，但其他戰機所載莢艙獲得的相關目標信息能顯示在投彈戰機上。

原產地：美國	重量：14.5千克
直徑：不詳	長度：780毫米
舵面翼展：無	作用距離：32千米
制導方式：無	

「狙擊手」先進目標指示莢艙（ATP）
SNIPER ATP POD

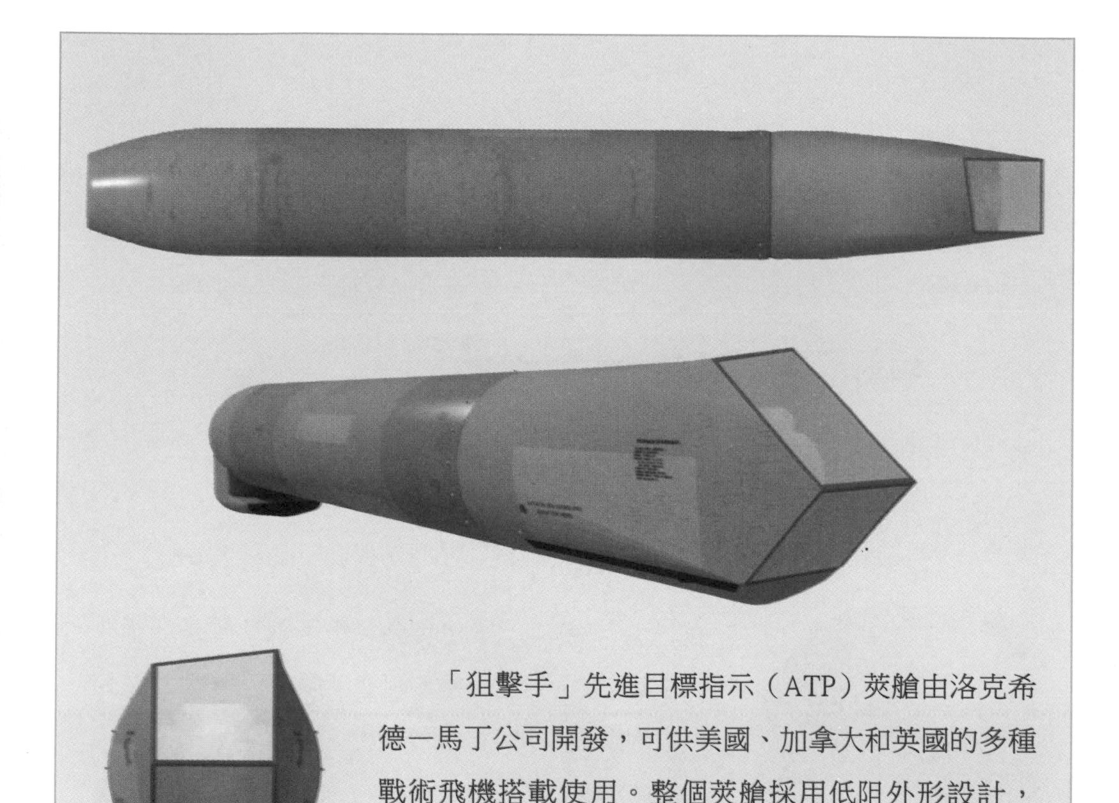

「狙擊手」先進目標指示（ATP）莢艙由洛克希德－馬丁公司開發，可供美國、加拿大和英國的多種戰術飛機搭載使用。整個莢艙採用低阻外形設計，內置多光譜傳感器以及一部第三代高分辨率前視紅外CCD攝像機以及激光指示裝置。

原產地：美國	子彈藥重量：199千克
直徑：300毫米	長度：2.39米
舵面翼展：無	作用距離：不詳
制導方式：無	

「火網」（Sorbtsiya）電子戰莢艙
SORBTSIYA ECM POD

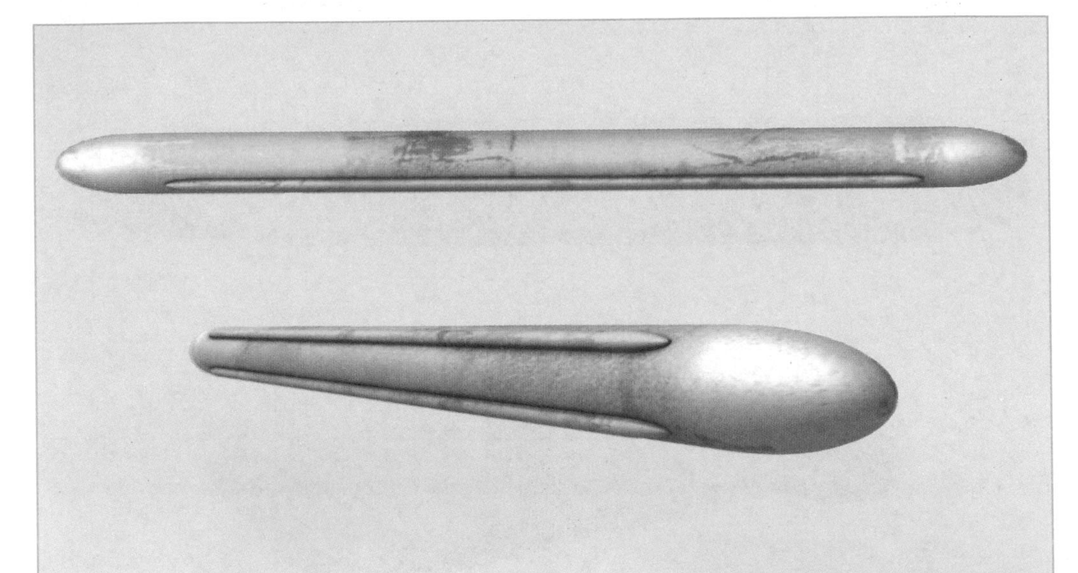

「火網」（Sorbtsiya）電子戰莢艙是俄羅斯開發的電子對抗干擾和阻塞莢艙，可由蘇-27系列戰機搭載使用（掛載於戰機主翼翼尖）。據稱，這種莢艙的電子攻擊能力較強，但未在實戰中獲得證實。

原產地：前蘇聯（俄羅斯）	子彈藥重量：不詳
直徑：不詳	長度：不詳
舵面翼展：無	作用距離：不詳
制導方式：無	